Bibliographische Information der Deutschen Bibliothek: Die Deutsche Bibliothek verzeichnet diese Publikation in der Deutschen Nationalbibliographie; detaillierte bibliographische Daten sind im Internet über *http://dnb.ddb.de* abrufbar.

Herstellung und Verlag: Books on Demand GmbH, Norderstedt
Layout, Illustration und Fotografie: amaveo innovationsmanagement andrea claudia delp

ISBN 3-8334-2418-4

Andrea Claudia Delp

Produkt- und Geschäftsideen entwickeln, bewerten und vermarkten

Von der Idee zur erfolgreichen Umsetzung - ein Arbeitsbuch für Gründer, Unternehmer und solche, die es werden wollen.

Inhalte

1. Ideen entwickeln

2. Ideenbewertung

3. Ideen vermarkten

4. Anhang

Vorwort

„Die Zukunft soll man nicht voraussehen wollen, sondern möglich machen.“
[Antoine de Saint-Exupery: Die Stadt in der Wüste]

Für die wirtschaftliche Entwicklung von bestehenden Unternehmen und die erfolgreiche Gründung von Unternehmen sind neue Produkt- und Geschäftsideen von großer Bedeutung.

Gute Ideen alleine reichen jedoch nicht aus; es ist auch wichtig, diese Ideen einschätzen zu können und letztlich erfolgreich zu vermarkten. Viele Fragen tun sich in diesem Zusammenhang auf: Woher bekomme ich eine Idee? Kann die Idee erfolgreich sein? Wie erreiche ich potenzielle Kunden? Das Buch soll Ihnen dabei helfen, Antworten auf diese und viele andere Fragen zu finden.

Im Sinne von Antoine de Saint-Exupery kann man sagen, dass die Entwicklung und Umsetzung erfolgreicher Produktideen dazu beiträgt, die eigene Zukunft zu steuern und zu entwickeln. Unsere Umwelt liefert eine reichhaltige Fülle an Möglichkeiten, die nur gesehen werden müssen. Öffnen Sie Ihre Augen dafür und fangen Sie an, aktiv nach Erfolg versprechenden Geschäftsfeldern zu suchen - dies ist eine unternehmerische Qualität, die Ihnen einen wesentlichen Vorteil gegenüber Unternehmen verschaffen kann, die in starren Strukturen verharren.

Ganz ohne Voraussicht kann man aber wohl niemanden mit gutem Gewissen in den Kampf um Marktanteile und Kunden schicken. Eine Einschätzung Ihrer Produkt- und Geschäftsideen ist unbedingt notwendig, um den Weg zu finden, der die Realisierung gestattet. Wie Sie Ihre Idee einschätzen und in eine erfolgreiche Strategie umsetzen können, zeigt Ihnen dieses Buch. Machen Sie Ihre unternehmerische Zukunft möglich!

Die Übungen und Vorschäge zur Vorgehensweise in diesem Buch sind praktisch orientiert. Denn, selbst das Studium der Betriebswirtschaftslehre bietet selten das praktische Wissen zur Entwicklung und Vermarktung von Produkten. Insgesamt kann das Ergebnis nach dem Durcharbeiten dieses Buches auch als Basis für ein Geschäftskonzept bzw. Businessplan verwendet werden.

Die Übungen sind im Wesentlichen darauf ausgelegt, sie für sich alleine durchzuführen. Die Arbeit in der Gruppe ist zwar in den meisten Fällen empfehlenswert, jedoch scheitert dieses Anliegen oft an unserer realen Situation. Lassen Sie also den Kopf nicht hängen, wenn Ihnen eine solche Gruppe nicht zur Verfügung steht – das Buch ersetzt einige Augenpaare, indem es strukturierte Ansätze zur Bewertung und Vermarktung von Produktentwicklungen aufzeigt.

1. Ideen entwickeln

1.1 Kreativitätsförderung

1.1.1 Arbeitsweisen des Gehirns

Wissenschaftler haben vor noch gar nicht langer Zeit herausgefunden, dass das Gehirn des Menschen in zwei Hälften geteilt ist. Die beiden Gehirnhälften haben sich dabei auf unterschiedliche Funktionen spezialisiert: Das linksseitig gelegene Zentrum ist zuständig für Daten und Fakten, Logik und Analyse, Sprache und Details, es merkt sich Texte und Zahlen. Diese linke Seite wird im Laufe unserer Ausbildung - also in Schule, Berufsausbildung und Hochschulausbildung besonders stark gefordert. Das „Training" der linken Gehirnhälfte lässt uns tendenziell eher linkshirnig denken (logisch, rational). Wahrnehmungen werden entsprechend bewertet. Dies kann zu einer Unterbewertung der rechtshirnigen Leistungen führen. Das rechtsseitige Zentrum sorgt für die ganzheitliche Betrachtung, denkt in Bildern, erinnert Gefühle und alles, was wir mit den Augen wahrgenommen haben. Von dieser Seite kommen die kreativen Impulse.

Für die kreative Lösungssuche und damit auch für die Suche nach brauchbaren Produkt- und Geschäftsideen sind beide Gehirnhälften gleichermaßen gefordert. „Teamarbeit" zwischen den beiden Hälften ist gefragt, um erfolgreiche Produktideen zu entwickeln und zu vermarkten.

1.1.2 Kreativitätsblockaden und deren Überwindung

Blockaden unserer Kreativität kommen sowohl von Aussen als auch von Innen. Zu diesen Blockaden zählen beispielsweise Angst, Vorurteile, Konkurrenzdruck, ungünstige Räumlichkeiten und viele andere Einflüsse. Wir wollen nun näher betrachten, was es damit auf sich hat:

Pessimismus: Es ist klar, dass eine ständige Erwartung negativer Entwicklungen und schlechter Erfahrungen kein guter Nährboden für kreative Experimente und Wagnisse ist. Ein Abwenden von allzu pessimistischer Grundhaltung lässt sich nicht herbeireden, wirft aber die grundsätzliche Frage auf, woher wir unsere Kraft, Energie und Hoffnung schöpfen. Ein gesunder Pessimismus ist im Übrigen durchaus nützlich und kann uns auch den Antrieb zu guten Leistungen liefern - ein ausgewogenes Maß erscheint also sinnvoll.

Konformismus: Auch im Wunsch nach Übereinstimmung mit den Werten und Vorstellungen unserer Freunde, Nachbarn und der Gesellschaft, kann eine Blockade für notwendige Neuerungen liegen. Die so genannte "breite Masse" steht nie an der Spitze neuer Entwicklungen, dies ist den Pionieren vorbehalten, die mutig und selbstbewusst unkonventionelle neue Wege finden müssen. Wenn Sie Ideen entwickeln und vermarkten möchten, müssen Sie auch zu Ihren Ideen stehen und diese möglicherweise gegen manch ablehnende Haltung Ihrer Mitmenschen „verteidigen". Wenn Sie nicht dazu stehen, können Sie sie letztlich auch nicht „an den Mann oder die Frau" bringen.

Ein kleiner Tipp: Wenn Sie keine Lust zu Diskussionen haben, geben Sie Ihrem Angreifer einfach recht, etwa in der Art „nun, ob das funktionieren kann, weiß natürlich niemand - es wird sich zeigen". Damit nehmen Sie den üblichen „Killerphrasen" jeden Wind aus den Segeln. Wer streitet sich schon gern mit jemandem, der den Kritikpunkt gar nicht bestreiten will?

Angst: Angst ist ein schlechter Ratgeber weil sie uns lähmt. Ängste sitzen häufig tief in unserem Unterbewusstsein - d.h. es ist uns gar nicht bewusst, dass die Kreativität durch Angst blockiert wird. Die später gezeigten Übungen helfen Ihnen sozusagen ganz beiläufig, solche Blockaden zu lösen, ohne dass Sie über Ihre Ängste nachdenken müssen. Wenn Sie eine Geschäfts- oder Produktidee entwickeln möchten, um sich selbständig zu machen, sind Ängste im Übrigen ganz normal - die unsichere Zukunft und Ungewissheit, ob die Pläne letztlich funktionieren, lassen sich nicht hinwegzaubern. Eine gesunde Portion Angst ist sogar hilfreich: Ohne die Befürchtung, dass unsere Idee scheitert und damit unsere finanzielle Lebensgrundlage gefährdet ist, würden wir die Dinge möglicherweise nicht mehr Ernst genug nehmen und damit unser Scheitern provozieren.

Immer wieder kommt in meiner beruflichen Praxis der Begriff „Risiko" auf den Tisch. Dies ist ein solch gestaltloser Begriff, dass es nicht weiter verwunderlich ist, wenn er gleich einem Schreckgespenst vor uns steht. Versuchen Sie die Risiken konkret zu benennen; beispielsweise „ich befürchte, dass die Kosten höher werden als ich geplant habe". Sobald Sie die Dinge konkretisiert haben, verlieren Sie schon eine erheblichen Teil Ihrer gespenstischen Wirkung! Sie können dann darüber Maßnahmen nachdenken, um dem Eintritt Ihrer Befürchtungen etwas entgegen zu setzen - entwickeln Sie eine Art „Notfallplan": So sind Sie besser gewappnet, wenn Ihre Berfürchtungen eintreten.

Konkurrenzdruck: Kreative Lösungen ergeben sich selten, wenn Sie die Sache in einer Konkurrenzsituation angehen. Der Wettbewerbsgedanke stellt das „besser sein" so stark in den Vordergrund, dass es den Geist für wirklich gute und kreative Lösungen blockiert. Sollten Sie also Kreativitätstechniken in der Gruppe ausprobieren, so achten Sie stark darauf, dass es nicht zu Konkurrenzdenken kommt – es ist besser, die Techniken alleine oder in einer anderen Runde auszuführen als das Wetteifern nach der besseren Idee in Kauf zu nehmen.

Vorurteile: Wer kennt ihn nicht, den Hang zum vorschnellen Urteil. Lassen Sie sich stets ausreichend Zeit mit der Beurteilung Ihrer Ideen; die Bewertung des Ergebnisses eines Brainstorming sollte beispielsweise einige Tage nach dem Brainstorming stattfinden. Sie können auch die Nachbereitung/Beurteilung in mehrere Phasen aufteilen - hierzu werden Sie im Kapitel „Ideen bewerten" noch Einiges erfahren. Beurteilen Sie Ihre eigenen Ideen weder vorschnell noch zu einseitig!

Routine: Gewohnheitshandeln ist bequem und erfordert nicht viel Nachdenken. Wir können andererseits aber auch nicht in ständiger Alarmbereitschaft für das Außergewöhnliche leben. Wir brauchen ein Gespür dafür, wann Gewohnheitshandeln nicht mehr angemessen ist. Durch die regelmäßige Anwendung der Übungen in diesem Buch wird sich Ihre Routine sicherlich verändern. Mit der Brechstange können wir in diesem Bereich nichts erreichen. Stellen Sie sich vor, Sie würden heute zum katholischen Glauben bekehrt und hätten das Ziel, in einem Jahr Pabst zu werden. Das erscheint reichlich unglaubwürdig, oder? Routinehandeln können wir nur Schritt für Schritt hinterfragen und auflösen. Bei maßvollem Umgang mit den gezeigten Übungen werden sich die Dinge ganz von alleine in diesem Sinne entwickeln.

Sprüche / Erfahrungen: Viele Menschen können ihr kreatives Potenzial nicht entfalten, weil sie durch die Art ihrer Erziehung in der Familie und aufgrund ihrer Erfahrungen bei der Ausbildung und im Beruf systematisch blockiert worden sind und heute noch unbewusst blockiert werden. Zu diesen Kreativitätsblockaden gehören die nachfolgend genannten Sprüche und Erfahrungen, die Sie bestimmt in dieser oder ähnlicher Formulierung kennen. Die gezeigten Aussagen gehören zu den so genannten „Killerphrasen“.

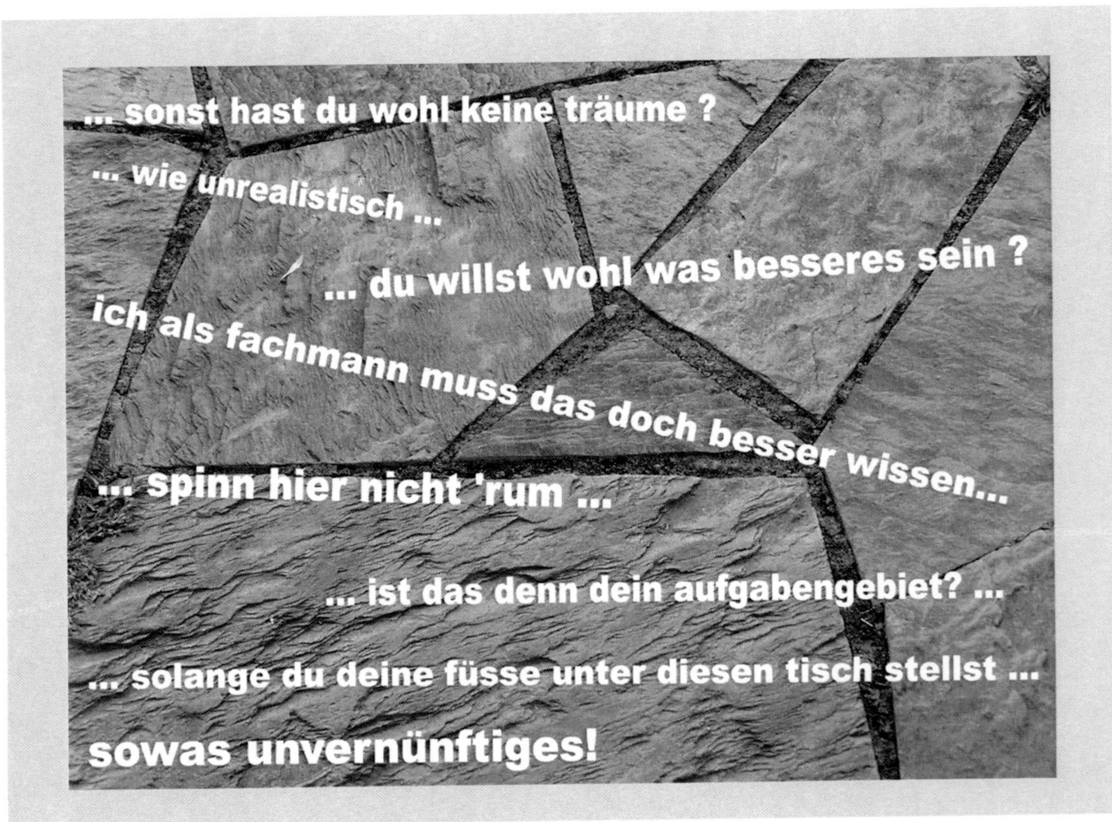

Erwartungsdenken: Erwarten Sie nicht zu viel von sich! Die schnelle und tolle Idee wird in der Familie, in der Ausbildung und im Beruf stark gefördert. Tatsächlich sind die ersten Ideen aber nicht zwangsläufig die besten oder man hat zunächst gar keine Idee. Besonders die ersten Ideen, die wie aus der Pistole geschossen kommen bergen das Risiko, stark durch Denkmuster beeinflusst zu sein. Mehr zu diesem Thema erfahren Sie im nächsten Kapitel.

Zeitdruck: Einige Kreativitätstechniken werden zwar unter Zeitdruck ausgeführt (z.B. das Brainstorming), sie sind jedoch beliebig oft wiederholbar. Die zeitliche Begrenzung dient hier lediglich dem Wechsel aus Auseinandersetzung mit dem Thema und Loslösung vom Thema. Sie kennen das sicherlich: Man beschäftigt sich mit einer Frage und findet einfach keine Lösung - und dann, wenn man gerade richtig viel Zeit hat und eigentlich mit anderen Dingen beschäftigt ist, wird die Lösung auf einmal ganz klar. Erwarten Sie weder von sich noch von anderen, dass geniale Einfälle sofort parat sind.

Schlechte Rahmenbedingungen: Einige Rahmenbedingungen sind hier schon angesprochen worden - arbeiten Sie für die kreative Phase nicht unter Konkurrenz- oder Zeitdruck. Neben diesen Rahmenbedingungen gibt es noch einige andere Einflussfaktoren. Sie sollten sich einen ruhigen Ort suchen, an dem Sie sich wohlfühlen. Müdigkeit und Stress sind ebenfalls ungünstige Einflussfaktoren - versuchen Sie, eine entspannte Situation zu schaffen.

Die nachfolgenden Kapitel und Übungen sollen „Kreativitätskiller“ und blockierende Umstände offensichtlich machen. Sie können mithilfe der Übungen überwunden werden. Auch die Aktivierung der Zusammenarbeit der beiden Gehirnhälften wird durch die Übungen forciert. Um auf diesem Weg Erfolge zu erzielen, benötigen Sie einige Übung - sind Sie also nicht enttäuscht, wenn sie nicht sofort zu glänzenden Ergebnissen kommen. Nach einigen Wochen werden Sie bei regelmässigem Training jedoch bestimmt feststellen, dass es Veränderungen im kreativen Denken gibt und dass die Fülle bei der Ideensuche zunimmt.

1.1.3 Denkmuster und deren Auflösung

Jeder Mensch ist einzigartig und individuell in der Fähigkeit seiner Wahrnehmung sowie in seinem Denken und Fühlen in Bezug auf diese Wahrnehmung. Gleichzeitig sind wir jedoch auch konditioniert, d.h. geprägt von den Werten und Denkweisen unserer jeweiligen Kultur und Gesellschaft. Schon als Kindern wird uns durch Lob und Tadel der Eltern "Erwünschtes" und "Unerwünschtes" beigebracht, und von der Schule bis zum Eintritt ins Arbeitsleben zeigen uns Noten und andere Bewertungen den Weg zum "richtigen" Denken, zur "Vernunft". Dies ist ganz normal und muss letztlich so sein. Wir sollten nur nicht übersehen, dass das, was wir am Ende an Werten und Denkstrukturen aufgenommen haben, nicht zwangsläufig das einzig "richtige" Denken ist. Zu anderen Zeiten und an anderen Orten wird die Welt anders wahrgenommen, es wird verschiedenartig gedacht und geurteilt.

Ein **Denkmuster** kann man sich als eine Filterfunktion vorstellen, die unsere Wahrnehmung und vor allem die Bewertung der Wahrnehmung stark beeinflusst. Es werden Dinge zu Wahrgenommenem hinzugefügt, die gar nicht da waren oder sind (projektive Wahrnehmung) und andere Dinge entgehen unserer Wahrnehmung, obwohl sie da waren oder sind (selektive Wahrnehmung). Je nachdem, wie unser persönlicher Filter strukturiert ist nehmen wir dann Bewertungen der „gefilterten“ Realität vor.

Das Phänomen der **projektiven Wahrnehmung** kann gut am Beispiel von Zeugenaussagen erklärt werden. Es ist erwiesen, dass bei Verbrechen, die von mehreren Zeugen beobachtet wurden, die Aussagen der Zeugen üblicherweise abweichend sind. So trug nach Meinung des Einen der Täter eine blaue Jacke und nach der Meinung eines Anderen war die Jacke schwarz. Woher kommt das? Es ist ganz einfach: Wir haben in unseren Köpfen ein Bild davon, wie so ein Übeltäter wohl aussehen müsste. Es kann leicht passieren, dass wir in der entsprechenden Situation unsere Vorstellung in die Wahrnehmung hinein projizieren. Trägt in unserer Vorstellungswelt ein Verbrecher grundsätzlich schwarze und gefährlich aussehende Bekleidung, so ist es möglich, dass diese Vorstellung in die Realität einfliesst und unsere Wahrnehmung der Realität im wahrsten Sinne des Wortes „verfärbt".

Noch ein Beispiel: Stellen Sie sich ein Stück Kuchen vor. Das klingt einfach – nicht wahr? Das Kuchenstück hat in unserer Vorstellung eine ganz bestimmte Form; vermutlich werden Sie vor Ihrem inneren Auge ein Bild sehen, das ungefähr der unten gezeigten Abbildung entspricht.

Unser Gehirn greift einfach auf das Bekannte zu und damit ist das Kuchenstück eine scheinbar klare Sache. Allerdings hat niemand behauptet, dass Sie sich die kleine Ecke aus dem Kreis vorstellen sollen. Der grosse Rest des „Kuchens" ist genauso „ein Stück" wie der kleinere Teil. Die Routine und unsere Konditionierung steht dieser Einschätzung im Weg. Die Vorstellung, dass es sich um das kleine Stück handelt, ist durch unsere Denkmuster in Sachen Kuchenstücke geprägt. In diesem Beispiel ist unsere Wahrnehmung **selektiv.** Wir schliessen die Möglichkeit, dass der grosse Teil gemeint sein könnte, aus, weil es nicht unseren Erfahrungen entspricht.

An dieser Stelle soll noch erwähnt werden, dass Denkmuster nicht grundsätzlich als schlecht zu bewerten sind. Unsere Eltern bringen uns in frühester Kindheit bereits bestimmte Werte bei - damit lernen wir, in der Gesellschaft bestehen zu können. Denkmuster sind dementsprechend kulturell geprägt. Unser jeweiliges Umfeld bestimmt stark über vorhandene Denkmuster. So ist es beispielsweise denkbar, dass Menschen aus anderen Regionen der Welt die gleiche Aufgabe vollkommen anders lösen würden, weil sie in anderen „Strukturen" denken.

Sie haben sicherlich schon von für unseren Kulturkreis unangenehmen Essgewohnheiten in einigen Ländern gehört. Da sollen beispielsweise in China Hunde verspeist werden und in anderen Ländern gar Schlangen. Unser typisches Denkmuster hierzu ist ganz klar positioniert: „Das gehört sich nicht und ist ekelhaft!". Warum eigentlich? Die Aussage „in China isst man Hunde" ist eigentlich zunächst vollkommen wertfrei – genauso wertfrei wie die Aussage „in Deutschland isst man Geflügel". Im Falle der chinesischen Gewohnheit projizieren wir jedoch die Vorstellung, dass es sich um etwas Ekelhaftes handelt in die Aussage hinein; obwohl selten jemand wirklich weiss, dass Hunde oder Schlangen schlecht schmecken. Es handelt sich also hier um **projektive** Wahrnehmung. Nun, das soll Sie natürlich nicht animieren, etwa den Hund Ihres Nachbarn probehalber zu verspeisen. Es soll vielmehr deutlich machen, wie sehr Denkmuster durch unsere Kultur geprägt sind.

Auch Berufsgruppen verfolgen häufig bestimmte Denkmuster: Es ist wahrscheinlich, dass eine Person, die im Umfeld Verwaltung und Organisation tätig ist, zu Lösungen kommt, die organisatorischer Natur sind. Ein Ingenieur tendiert eher zu technischen Lösungen. Stellen Sie sich vor, Sie würden vor die Aufgabe gestellt, das Parkplatzproblem zu den Hauptzeiten an einer Hochschule oder auf einem Firmenparkplatz zu lösen. Technisch ambitionierte Zeitgenossen würden vermutlich Konstruktionen vorschlagen, die es zulassen mehr Fahrzeuge unterzubringen. Die Verwaltungsfachangestellte würde eher auf die Idee kommen, den Stundenplan mit den Semesterferien entsprechend zu ändern, während der Buchhalter vorschlagen könnte, eine Parkplatzgebühr einzuführen.

Die nachstehenden Übungsaufgaben demonstrieren das Vorhandensein und die Wirkungsweise von Ihren Denkmustern. Sie helfen, vorhandene Denkmuster zu erkennen und am Auflösen der hinderlichen Denkmuster zu arbeiten. Nützliche Denkmuster müssen wir nicht in Frage stellen oder Auflösen - es ist eben nur hier und da hilfreich, wenn wir aus unseren gewohnten Bahnen ausbrechen können.

Versuchen Sie einmal, eine Situation oder ein Denkmuster solange wie möglich nur zu erkennen und **nicht zu bewerten**. Stellen Sie einfach nur fest, dass das betrachtete Denkmuster existiert. Vermeiden Sie soweit möglich projektive und selektive Wahrnehmungen. Beginnen Sie mit den unten stehenden Übungen. Mit diesem Training im Erkennen und Wechseln von Denkmustern und im Zurückstellen von Wertungen sind Sie als Einzelperson bestens gerüstet, im Team oder allein an kreativen Problemlösungen zu arbeiten.

In der Literatur werden hierfür öfter auch Denksportaufgaben genutzt - ich möchte an dieser Stelle darauf verzichten, denn sie sind nur bedingt geeignet und führen häufig eher zu Frusterlebnissen weil man der Lösung oft nicht ganz so einfach oder vielleicht gar nicht auf die Spur kommt.

Übung zum Erkennen und Auflösen von Denkmustern: Überlegen Sie sich einmal, was man alles mit einem Ziegelstein machen kann. Produzieren Sie so viele Ideen, wie möglich. Eine 'richtige' Lösung gibt es hierbei nicht. Sicherlich werden Ihnen bestimmte Ideen zuerst kommen - diese Ideen basieren im wesentlichen auf den Ihnen bekannten Denkmustern; so ist z.B. der Bau einer Mauer schlichtweg ist erste und einfachste Lösung, auf die unser Gehirn zugreifen kann. Die wirklich ausgefallenen Ideen werden Ihnen erst nach einigem Überlegen kommen.

Übung zum Auflösen von Denkmustern: Suchen Sie nach gemeinsamen Eigenschaften von Gegenständen. Beispielsweise ist ein Teller im Allgemeinen weiß und rund - was alles ist noch weiß und rund? (Tennisball, Käse, Lampe...) Was alles ist rot und essbar? Was erfüllt die Eigenschaften weich und für Kinder? Sie können auch beliebige Eigenschaften oder Kombinationen von Eigenschaften auswählen und nach Gegenständen suchen, die diese Eigenschaften aufweisen.

Übung zum Erkennen von Denkmustern: Lesen Sie die nachfolgend gezeigten Textausschnitte aufmerksam und versuchen Sie Denkmuster anhand der Formulierungen zu erkennen. Die Beispiele in der Tabelle sollen Ihnen dabei helfen. Die Handlungsanweisung bezieht sich darauf, ob einem Wort implizit eine „Anweisung“ anheftet - so ist im Beispiel unten klar, dass der Verwender des Begriffs „Unkraut“ vermutlich das Vernichten der Pflanzen in Erwägung zieht. Der Verwender des Wortes „Wildkräuter“ hat vermutlich eher den Naturschutz im Sinn. Letztlich meinen beide Begriffe etwa das Gleiche, nehmen aber vollkommen unterschiedliche Bewertungen vor.

Wort/Formulierung	Bedeutung/Herkunft	Wertung	Handlungsanweisung
.. das Unkraut wuchert im ganzen Garten	Biologie, Umgangssprache	negativ	vernichten, ausreissen
... die Wildkräuter wachsen in großer Zahl ...	Biologie, Naturschutz	positiv	erhalten, schützen
... die EU kapituliert angesichts geringerer Wachstumszahlen vor der Wirtschaftsmacht USA ...			
... die abweisende Schroffheit der Felsen wirkt bedrohlich ... die Klettertour wird zum puren Nervenkitzel ...			
Moderatorinnen im deutschen Fernsehen treten in männlicher Verkleidung auf und heimsen auch Lorbeeren mit ihrer Arbeit ein.			
... der fleissige Kollege aus dem Nachbarraum erarbeitete das Konzept in nur einem Tag. Er zeigte großes Engagement und blieb bis zum späten Abend im Büro.			
... der Vorstandvorsitzende der Gesellschaft erhält Schmutzgeld in Form einer hohen Abfindungssumme...			

Übungen mit einer Zeitung: Diese Übung haben Sie mit der vorstehenden Übung bereits vorbereitet. Nehmen Sie die tägliche Zeitung und fügen Sie der Lesezeit noch einige Minuten Übungszeit hinzu. Wählen Sie sich einen beliebigen Artikel und versuchen Sie, das oder die zugrunde liegenden Denkmuster der handelnden Personen oder Institutionen zu erkennen und zu formulieren. Oft lassen auch die Autoren eines Artikels deutliche Denkmuster erkennen. Versuchen Sie ein bis zwei Alternativen zum erkannten Denkmuster zu entwickeln (andere Blickwinkel einnehmen). Sie könnten beispielsweise überlegen, welche Formulierung ein an Fakten orientierter Mensch verwenden würde oder welche Sichtweise von anderen Berufsgruppen oder Nationalitäten wohl vertreten würde.

Übung zum Auflösen von Denkmustern: Unter Punkt 1.1.2 „Kreativitätsblockaden und deren Auflösung“ haben Sie Killerphrasen kennengelernt. Nehmen Sie sich etwas Zeit, um zu überlegen, wann und wo Ihnen im Leben diese und ähnliche Sprüche schon begegnet sind. Wie haben Sie sich dabei gefühlt? Klein und unbedeutend? Haben Sie sich geärgert? Hat es Sie entmutigt? Machen Sie sich klar, dass diese Äußerungen nichts mit Ihnen zu tun haben. Sie basieren auf den Denkmustern derjenigen, die diese Aussagen gemacht haben.

Übungen mit Werbung: Auch Werbung ist ein gutes Trainingsmaterial, weil damit einfache Botschaften (Denkmuster) vermittelt werden sollen. Ärgern Sie sich also nicht bei der nächsten Werbepause im Fernsehen, sondern betrachten Sie die eingeblendeten Werbespots als Schulung. Überblättern Sie nicht die Anzeigen in Zeitschriften, sondern verweilen Sie und formulieren Sie das oder die zu Grunde liegenden Denkmuster.

Gut demonstrieren lässt sich eine solche Übung am Beispiel der Werbung für die Zigarettenmarke Marlboro. Da wurden uns in der Vergangenheit Bilder von weiten Landschaften in den USA mit Cowboys in Rodeo-Aktion gezeigt. Die Bilder vermittelten das Denkmuster, dass Männlichkeit, Freiheit, Abenteuer und Wildnis äusserst erstrebenswerte Dinge seien. Aber haben Sie sich jemals gefragt, ob es wirklich abenteuerlich ist, sein Leben damit zu verbringen, auf eine Kuhherde aufzupassen? Ist es überhaupt wahr, dass die berühmten Cowboys in der weiten Wildnis unterwegs sind oder wird die Herde vielleicht doch nur auf einer großen, eingezäunten Weide gehalten? Man könnte außerdem bei den waghalsigen Übungen vom Pferd fallen und fürchterliche Verletzungen erleiden.

1.1.4 Empfehlungen zur Förderung der Kreativität

Die hier genannten Empfehlungen sind zunächst noch allgemeiner Natur. In den einzelnen Übungen, die Sie ab dem nächsten Kapitel finden, stelle ich konkrete Möglichkeiten vor, wie Sie diese Empfehlungen in die Tat umsetzen können.

Versuchen Sie, jeden Tag über irgend etwas erstaunt zu sein! Die Fähigkeit, erstaunt zu sein, fördert eine positive Grundhaltung gegenüber den eigenen Ideen und spornt uns an, uns mit den unterschiedlichsten Dingen zu beschäftigen. Möglicherweise entdecken Sie auf diesem Wege Dinge, die Ihnen Ansätze für Produkt- und Geschäftsideen liefern. „Erstaunt sein" heißt auch, Begeisterungsfähigkeit zu wecken. Ohne Begeisterung für Ihre eigenen Ideen wird es schwierig, diese in die Tat umzusetzen. Betrachten Sie also die Welt mit wachen Augen und sind Sie offen für die verschiedensten Technologien, Konzepte und andere interessante Schönheiten, die die Welt zu bieten hat.

Finden Sie heraus, was Sie am Leben lieben und was Sie daran hassen! Das Einstufen von Dingen, die Sie mögen und Dingen, die Sie nicht mögen, liefert Hinweise auf mögliche Aufgabenfelder - zum Verstärken der schönen Dinge des Lebens oder zum kompensieren der weniger guten Dinge des Lebens. Sie können sich sicher sein: viele Dinge, die Sie mögen oder nicht mögen, gelten für viele andere Menschen ebenfalls - diese Menschen könnten Ihre zukünftigen Kunden sein.

Träumen Sie! Die Tagträumerei ist in der Kindheit eine Selbstverständlichkeit für uns. Im Laufe der Jahre werden wir jedoch immer weiter auf den Boden der Realität gebracht und verlernen diese nützliche Fähigkeit. Viele Produkte, die uns heute umgeben, sind nur durch die Träume unserer Vorfahren entstanden. Hätte die Menschheit nicht vom Fliegen geträumt, so bliebe uns heute so manche bequeme Reisemöglichkeit vorenthalten. Fangen Sie also damit an, sich solche Träume zu gestatten - sie sind der Motor, der uns antreibt und vorwärts bringt. Entwickeln Sie bewusst eine Vorstellung davon, wo Sie in drei oder fünf Jahren stehen wollen und wie Ihre Welt aussehen könnte. Ihre Träume und die Träume anderer Menschen liefern neben der eigenen Motivation auch noch wichtige Hinweise auf mögliche Produkt- und Geschäftsideen. Hierauf werde ich später bei den Kreativitäts- und Beobachtungstechniken noch zu sprechen kommen.

„Willst du ein Schiff bauen, so rufe nicht Menschen zusammen, um Pläne zu machen, Arbeit zu verteilen, Werkzeug zu holen und Holz zu schlagen, sondern lehre ihnen die Sehnsucht nach dem endlosen Meer. Dann bauen sie das Schiff von alleine." [Antoine de Saint-Exupery: Der kleine Prinz]

Bringen Sie zum Ausdruck, was Sie bewegt! Dinge, die uns bewegen - also emotional berühren, sind die Dinge, die es wert sind, etwas genauer betrachtet zu werden. Indem Sie den Ausdruck der Emotionen fördern, fördern sie gleichzeitig die rechte Gehirnhälfte, die für kreatives Denken unerlässlich ist und finden mögliche Ansatzpunkte für Geschäfts- oder Produktideen.

Wünschen Sie sich Veränderungen und Neuerungen! Haben Sie schon einmal darüber nachgedacht, warum Bücher wie „Endlich Nichtraucher" oder Bücher über das Überwinden der Figurprobleme solche Verkaufsschlager sind? Die Antwort ist denkbar einfach: Weil es viele Menschen gibt, die sich wünschen, mit dem Rauchen aufhören zu können und weil es viele Menschen gibt, die gerne eine wunderbare Figur hätten. Fangen Sie an, sich selbst Neues und Veränderungen zu wünschen. Sie können beispielsweise eine Wunschliste anlegen und einmal am Tag oder in der Woche einige Wünsche notieren. Es kommt nicht darauf an, dass Ihre Wünsche direkt zu Produktideen werden - wichtig ist die Fähigkeit zum Wünschen und damit gleichzeitig die Erkenntnis über ungelöste Problematiken. Möglicherweise kommt Ihnen dabei die zündende Idee.

Belohnen Sie sich nicht für die kreativen Einfälle sondern für den Mut, die Dinge anzugehen! Es kostet Mühe den „inneren Schweinehund" zu überwinden und sich an die Arbeit zu machen. Es geschafft zu haben ist eine Belohnung wert und Eigenlob stinkt entgegen der landläufigen Meinung nicht! Gönnen Sie sich ruhig den bildlichen „Blumenstrauss" an sich selbst - und zwar am besten bei den richtigen Gelegenheiten. So vermeiden Sie Frust und verändern das verbreitete Denkmuster 'es gibt nur eine Belohnung, wenn es auch „richtig" geworden ist'.

Es mag merkwürdig klingen, wenn an dieser Stelle empfohlen wird, sich nicht für eine besonders gute Idee zu belohnen. Sie sollten sich dafür belohnen, dass Sie die eine oder andere Übung gemacht haben, ganz unabhängig davon, ob sie nun sonderlich „erfolgreich“ war oder nicht. Damit vermeiden Sie auch den Frust der aufkommt, wenn Sie (vermeintlich) nicht viel erreicht haben und die ersehnte Belohnung ausbleibt.

Betrachten Sie Probleme aus möglichst vielen Blickwinkeln! Wenn Sie eines oder mehrere Probleme erkannt haben, können Sie es aus verschiedenen Blickwinkeln betrachten. Hierzu bietet sich die nachfolgend gezeigte Technik „Sechs Hüte“ an. Notieren Sie das Problem und versetzen Sie sich in die unterschiedlichen Rollen; notieren Sie die Aussagen, die zum jeweiligen „Hut“ passen würden. Damit können Sie üben, verschiedene Haltungen einzunehmen und eine realistische Einschätzung vorzunehmen. Eine genaue Anleitung zum Einnehmen verschiedenster Blickwinkel folgt im nächsten Abschnitt: Laterales Denken.

1.1.5 Laterales Denken

Alles unter einem Hut. Einen wichtigen Begriff prägte Edward de Bono 1967 mit dem "Lateralen Denken". Laterales Denken bedeutet nach de Bono, bewusst "um die Ecke zu denken", unlogisch und unkonventionell. Damit beansprucht das Laterale Denken die gleichen Attribute, die der Begriff der Kreativität insgesamt umfasst. Das Vertikale Denken hingegen repräsentiert die herkömmliche Denkweise mit aufeinander folgenden und logischen Schritten. Beide Denkstile schließen sich nicht gegenseitig aus – sie ergänzen sich.

De Bono umschreibt diese Stile so: "Das Vertikale Denken treibt die Ideen weiter, die das Laterale Denken hervorgebracht hat. Man gräbt kein zweites Loch, wenn man ein bereits vorhandenes vertieft. Das Laterale Denken wird angewendet, um woanders ein Loch zu graben." Er betrachtet das Laterale Denken als "die Fähigkeit, aus dem Gefängnis der alten Ideen auszubrechen und neue zu entwickeln".

Vertikales Denken	Laterales Denken
setzt sich nur dann in Bewegung, wenn eine Richtung vorhanden ist, in die es sich bewegen kann	setzt sich in Bewegung, um eine Richtung zu finden
analytisch	provokativ
jeder einzelne Schritt muss richtig sein	nicht jeder Schritt muss richtig sein
folgerichtig	sprunghaft
alles Belanglose wird ausgeschlossen	alles wird begrüßt, was sich zufällig aufdrängt
schlägt den erfolgreichsten Weg ein	erforscht den unwahrscheinlichsten Weg
logisch rational	spielerisch, assoziativ
beim Thema bleiben	vom Thema abweichen
kritische Einwände verbessern	kritische Einwände behindern

In Anlehnung an DeBono und seine Forderung nach dem Ausbrechen aus dem gewohnten Denken möchte ich im folgenden Absatz eine Übung vorschlagen, die „die Welt auf den Kopf stellt“ und uns Übung im Überspringen der geistigen Barrieren verschafft.

Übung: Verkehren Sie die Aussagen in der unten stehenden Tabelle ins Unmögliche und Absurde. Sie dürfen dabei Ihrer Fantasie freien Lauf lassen - es spielt keine Rolle, ob die Aussagen realistisch sind; sie sollen unrealistisch sein! Stellen Sie die Ihnen bekannte Welt einfach vollständig auf den Kopf. Sie sollten dazu mit Hilfe eines Weckers eine Zeitbegrenzung von etwa 15 Minuten nutzen. Die Menge der Aussagen geht vor Qualität der Aussagen! Zu jeder der ursprünglichen Aussagen dürfen und sollen Sie mehrere „Verkehrungen" notieren.

Aussagen	Verkehrung der Aussagen
Fußbälle sind rund.	Fußbälle sind achteckig. Fußbälle sind niemals rund. etc.
An Ampeln muss man manchmal warten.	
Auf der grünen Wiese steht eine braune Kuh.	
Der Straßenverkehr wird durch Ampeln geregelt.	
Züge fahren auf Schienen.	
Man geht in die Schule, um etwas zu lernen.	
Wolken ziehen am Himmel vorüber.	

Aussagen	Verkehrung der Aussagen
Telefongeräte sind zum Telefonieren gemacht.	
In Restaurants gibt es Speisekarten.	
Tische haben vier Tischbeine.	

Übung „Sechs Hüte“: Diese Übung – ursprünglich für ein Rollenspiel von Edward de Bono entwickelt - knüpft an die Überlegung an, dass das Grundproblem fehlender Kreativität das Verharren in unbewussten Denkmustern ist. Als sehr einfache und spielerische Grundlagentechnik schlägt de Bono vor, dass die Teilnehmer einer Gruppe während einer Problemlösungs-Diskussion sechs verschiedene Hüte aufsetzen und die jeweilige Rolle übernehmen.

Sie können sich in Einzelarbeit auch einfach nacheinander in die Rolle des jeweiligen Hutträgers versetzen und anhand der Hüte z.B. Ideen, Texte, Bilder und Anderes bewerten. Die „Hüte“ oder Rollen sind wie folgt verteilt:

- Weißer Hut (objektiv, sachlich):
  bloße Fakten, Zahlen und Informationen
- Roter Hut (Gefühl, Ärger, Zorn):
  Emotionen, Gefühl, Ahnung, Intuition
- Schwarzer Hut (düster, negativ):
  negative Aspekte und Urteile, warum es misslingen wird
- Gelber Hut (sonnig, heiter, positiv):
  positives, optimistisches Denken
- Grüner Hut (Vegetation, Wachstum):
  neue Ideen, provokatives Auftreten, hohe Kreativität
- Blauer Hut (Himmel über allem anderen):
  steuert und überwacht den Denkprozess (Organisation, Regeln)

Rolle / Hut	Aussagen/Fragen	Aussagen zu finden war
Weißer Hut (objektiv, sachlich): bloße Fakten, Zahlen und Informationen		O leicht O mittelschwer O schwer
Roter Hut: (Gefühl, Ärger, Zorn): Emotionen, Gefühl, Ahnung, Intuition		O leicht O mittelschwer O schwer
Schwarzer Hut (düster, negativ): negative Aspekte und Urteile, warum es misslingen wird		O leicht O mittelschwer O schwer
Gelber Hut (sonnig, heiter, positiv): positives, optimistisches Denken		O leicht O mittelschwer O schwer
Grüner Hut (Vegetation, Wachstum): neue Ideen, provokatives Auftreten, hohe Kreativität		O leicht O mittelschwer O schwer
Blauer Hut (Himmel über allem anderen): steuert und überwacht den Denkprozess (Organisation, Regeln)		O leicht O mittelschwer O schwer

Versuchen Sie in einem weiteren Schritt zusätzliche Aussagen zu den Hüten zu finden, zu denen Ihnen weniger eingefallen ist bzw. bei denen Sie sich schwer getan haben. Machen Sie sich diese Aussagen ganz bewusst als eine andere Denkweise, als die, die durch Ihre Denkmuster entsteht. Sie können auf diese Weise jede Ihrer Ideen 'durchleuchten'. Vorteil dieser 'Durchleuchtung' ist, dass Ihnen bei Einwänden/Kommentaren aus Ihrem Umfeld klarer wird, dass jede einzelne Aussage nur ein Mosaiksteinchen vieler möglicher Betrachtungsweisen ist - im Wesentlichen wird die Aussage jedoch durch die Denkmuster Ihres Gegenüber gefärbt sein.

1.1.6 Spielregeln für die kreative Arbeit

1. **Trennen Sie zwischen der Entwicklung von Ideen und deren Bewertung!** Kritik und Killerphrasen sind während der Ideenentwicklung nicht zugelassen.

2. Lassen Sie in der Fantasiephase Ihren **Ideen freien Lauf**, ohne Berücksichtigung eventueller Sachzwänge, Zuständigkeiten, Kosten usw. Auch die Machbarkeit in der späteren Umsetzung stellt kein Kriterium für die Fantasiephase dar!

3. Streben Sie eine **hohe Quantität von Ideen an**, um die Auswahlmöglichkeiten und Trefferwahrscheinlichkeiten zu erhöhen. Die Qualität der Ideen spielt während der Fantasiephase keinerlei Rolle - ganz im Gegenteil; je fantastischer die Ideen sind, desto eher sind gute Ergebnisse zu erwarten.

4. Falls Sie in der Gruppe arbeiten: Es ist erlaubt und erwünscht, **Ideen von anderen Teilnehmern aufzugreifen**, weiterzuentwickeln, abzuwandeln, zu kombinieren usw. - es gibt in der Fantasiephase kein geistiges Eigentum.

5. Falls Sie in der Gruppe arbeiten: **Aufhebung evtl. mitgebrachter Rollen, Hierarchien, Zuständigkeiten und Eigeninteressen** - man darf und soll sich den Kopf der Anderen zerbrechen.

1.2 Emotionale/Intuitive Techniken

1.2.1 Brainstorming

Das Brainstorming ist wohl eine der bekanntesten Kreativitätstechniken. Sie wurde in den 50er Jahren vom Werbefachmann Alexander Osborn entwickelt und erfreut sich nach wie vor großer Beliebtheit. Das Brainstorming eignet sich sehr gut für Gruppenprozesse und Lösungen eines klar definierten Problems. Auch für Einzelpersonen ist es hervorragend geeignet. Es ist nicht gut geeignet für sehr schüchterne Teilnehmer/innen in der Gruppe und ungünstig für umfangreiche/komplexe Problemstellungen.

Durchführung in der Gruppe: Die Gruppe sollte zwischen 6 und 8 Personen mit unterschiedlichen Vorkenntnissen umfassen. Das Problem ist klar benannt, ein Gruppenmitglied schreibt Ideen mit, alle anderen sagen, was ihnen zu diesem Thema einfällt. Während des Brainstorming gibt es keine bewertende Diskussion und Kritik – Verständnisfragen zu Ideen anderer Teilnehmer sind zugelassen. Die Ideen anderer Teilnehmer/innen können weiterentwickelt werden. Nach 20 Minuten werden die gesammelten Einfälle ausgewertet und evtl. besprochen. Auf die Bewertung der Ideen wird im späteren Kapitel eingegangen.

Durchführung für Einzelpersonen: Benennen Sie die Frage, für die Sie eine Lösung haben möchten. Nehmen Sie sich 15 bis 20 Minuten Zeit und notieren Sie, ausgehend von einem Begriff, Ihre Gedanken ohne bestimmte Reihenfolge oder eine Bewertung vorzunehmen. Haben Sie einen Begriff gefunden, schreiben Sie den nächsten auf usw. Schreiben Sie alles auf, ohne es zu bewerten und zu kritisieren. Am besten verwenden Sie für die Einhaltung des Zeitrahmens einen Küchenwecker - besonders wenn sie allein sind, sollten Sie sich nicht damit beschäftigen, zwischendurch auf die Uhr zu sehen.

Beachten Sie bei der Durchführung immer die Regeln:

1. Keine Kritik
2. Quantität vor Qualität der Ideen
3. Den Ideen freien Lauf lassen
4. Offenheit gegenüber den Ideen der anderen Teilnehmer

Übung Wunsch-Brainstorming: An dieser Stelle können Sie auf die allgemeinen Regeln zur Förderung der Kreativität für Produkt- und Geschäftsideen zurückkommen (siehe Punkt 1.1.4). Dort war erwähnt, dass man das 'Wünschen' ins tägliche Leben aufnehmen sollte. Sie können anhand des Brainstorming nun diese Aufforderung in die Tat umsetzen. Die Aufgabe ist ganz einfach: Führen Sie ein Brainstorming mit dem Thema „meine Wünsche" durch! Sie werden feststellen, dass es jede Menge möglicher Wünsche gibt - man könnte sich beispielsweise die nachfolgenden Dinge wünschen:

- nie wieder kalte Füße zu haben,
- dass man nie wieder die Wohnung/das Haus putzen müsste,
- dass die Kollegen endlich pünktlich zu den Meetings erscheinen,
- dass man nie wieder im Supermarkt einen Einkaufswagen in die Ferse bekommt,
- dass man auch in Italien günstig mit dem Handy nach Hause telefonieren kann,
- dass man im Supermarkt freundlicher behandelt wird
- usw.

Notieren Sie Ihre Wünsche in einer Liste (wie immer beim Brainstorming) und nehmen Sie wie üblich während des Brainstorming selbst keinerlei Bewertung vor. Zur anschliessenden Bewertung können Sie Ihre Wünsche in die folgende Liste eintragen und in den neben der 'Wunschliste' stehenden Spalte eine erste Bewertung im Anschluss an das Brainstorming vornehmen. Wenn es Wünsche gibt, bei denen Sie feststellen, dass es wahrscheinlich Menschen gibt, die den gleichen Wunsch hätten, dann ist dieser Wunsch es wert, ein weiteres Brainstorming zu möglichen Lösungen durchzuführen oder mittels anderer Techniken eine Lösung zu finden.

Wunsch	Was denken Sie - gibt es viele andere Menschen die den gleichen Wunsch äussern würden, wenn sie darüber nachdenken würden?
• nie wieder putzen müssen	es gibt sicherlich sehr viele Menschen, die diesem Wunsch folgen würden!
• dass man im Supermarkt freundlicher behandelt wird	auch diesem Wunsch würden bestimmt viele Menschen entsprechen

Als Variante zu den eigenen Wünschen können Sie auch eine Liste von möglichen Wünschen anderer Personen via Brainstorming erstellen - was würde sich beispielsweise ein gestresster Manager wünschen, was würde sich die Verkäuferin im Laden wünschen?

1.2.2 Brainwriting

Auch das Brainwriting kann als Gruppen- und Einzeltechnik eingesetzt werden. Die Regeln für die Durchführung sind etwas komplexer als beim Brainstorming. Das Brainwriting ist auch unter dem Namen Methode 6-3-5 bekannt und wurde von Bernd Rohrbach entwickelt.

Durchführung als Gruppentechnik: Jeder Teilnehmer bekommt ein gleichgroßes Blatt Papier, das in drei Spalten (vertikal) und sechs Zeilen (horizontal) aufgeteilt wird. Jedes Blatt hat 18 Kästchen. Die Problemstellung wird von allen definiert. Jede Person schreibt dann in die erste Zeile drei Ideen – in jedes Kästchen eine - und reicht das Blatt an den/die Nachbar/in zur Rechten weiter. Dieser Vorgang wird fünf Mal wiederholt (6-3-5-Methode: 6 Personen haben 3 Ideen 5 Mal). Auch beim Brainwriting wird während der Schreibphase nicht wertend diskutiert oder gar kritisiert. Insgesamt entstehen 108 Lösungsvorschläge. Das Aufschreiben der Ideen umfasst genau 30 Minuten. Es ist ausdrücklich erwünscht, die Ideen anderer Personen zu lesen, aufzugreifen und/oder weiterzuentwickeln.

Brainwriting für Einzelpersonen: Verkleinern Sie die Tabelle auf drei Spalten und drei Reihen, schreiben Sie Ihre Grundideen in die erste Zeile. In die nächste Zeile schreiben Sie eine mögliche Abwandlung der Grundidee, in die letzte Zeile eine Abwandlungsmöglichkeit der ersten Änderung.

Übung: Suchen Sie sich eine Problemstellung aus und versuchen Sie mit Hilfe des Brainwriting Lösungen zu finden. Denken Sie daran: Es geht nicht darum, ob diese Lösungen umsetzbar sind - auch technisch (noch) nicht machbare Lösungen kommen in Frage und Kritik ist während der Fantasiephase nicht erlaubt!

Mögliche Problem- oder Aufgabenstellungen sind: Wie kann ich meine Angestellten davon überzeugen, sich regelmäßig weiterzubilden? Wie könnten Verkehrsstaus vermieden werden?

Methode 635		
Vorschlag 1 Person A	Vorschlag 2 Person A	Vorschlag 3 Person A
Weiterentwicklung des Vorschlages von Person A durch Person B	Weiterentwicklung des Vorschlages von Person A durch Person B	Weiterentwicklung des Vorschlages von Person A durch Person B
Weiterentwicklung des Vorschlages von Person A durch Person C	Weiterentwicklung des Vorschlages von Person A durch Person C	Weiterentwicklung des Vorschlages von Person A durch Person C
Weiterentwicklung des Vorschlages von Person A durch Person D	Weiterentwicklung des Vorschlages von Person A durch Person D	Weiterentwicklung des Vorschlages von Person A durch Person D
Weiterentwicklung des Vorschlages von Person A durch Person E	Weiterentwicklung des Vorschlages von Person A durch Person E	Weiterentwicklung des Vorschlages von Person A durch Person E
Weiterentwicklung des Vorschlages von Person A durch Person F	Weiterentwicklung des Vorschlages von Person A durch Person F	Weiterentwicklung des Vorschlages von Person A durch Person F

Das **Rundwünschen** ist der 6-3-5-Methode sehr ähnlich, sie ist nur nicht ganz so formalistisch. In einer Gruppe erhält jeder Teilnehmer ein Blatt, auf dem er zum gestellten Thema/Problem einen persönlichen Wunsch einträgt. Er gibt das Blatt an seinen rechten Nachbarn weiter und erhält selbst eines von seinem linken. Nun wird ein neuer/ weiterer Wunsch notiert und das Blatt dann nach rechts weitergegeben, bis die Blätter voll sind. Es ist ausdrücklich erlaubt, die vorhergehenden Wünsche zu lesen und darauf zu reagieren (anknüpfen, vertiefen, ausbauen usw.). Wie beim Wunsch-Brainstorming ist es auch hier möglich, einfach nur Wünsche ohne bestimmte Problemstellung zu notieren und weiterzuentwickeln - es kann auch eine Eingrenzung erfolgen, z.B. Wünsche aus dem Bereich Haushalt oder welches Thema auch immer Sie wählen möchten.

1.2.3 Osborn-Checkliste oder Osborn-Methode

Alexander Osborn, der auch das berühmte Brainstorming entwickelt hat, hat noch mehr geleistet. Bei der nach ihm benannten Methode entwarf er einen Fragenkatalog, der sowohl im Berufs- als auch im Privatleben eingesetzt werden kann und neun Komplexe umfasst. Die Osborn-Checkliste ist besonders geeignet, wenn bereits Ideen vorliegen, z.B. als Nachbearbeitung einer Kreativsitzung. Sie ist weniger geeignet wenn Sie am Anfang eines Projektes stehen bzw. noch kein Ideenansatz vorliegt. Die Osborn-Checkliste ist weiterhin gut geeignet für Gruppen und Einzelpersonen.

Die **Durchführung** ist denkbar einfach - benennen Sie die Idee und versuchen Sie sie unter folgenden Gesichtspunkten zu analysieren:

- Wofür kann ich es noch verwenden? Kann ich es anders einsetzen?
- Weist das Problem auf andere Ideen hin? Ist es etwas anderem ähnlich?
- Was lässt sich ändern? Welche Eigenschaften lassen sich umgestalten?
- Lässt sich etwas vergrößern, hinzufügen, vervielfältigen?
- Lässt sich etwas verkleinern, wegnehmen, verkürzen?
- Was kann ersetzt werden? Welche Bedingungen können geändert werden?
- Kann die Reihenfolge oder Struktur geändert werden?
- Kann die Idee ins Gegenteil gekehrt werden? Kann der Ablauf umgekehrt werden?
- Können Ideen transformiert werden? Kann es zusammengeballt, ausgedehnt, verhärtet, verflüssigt, etc. werden?
- Können Ideen kombiniert oder Personen verbunden werden?

Übung: Zur Übung kreativer Fähigkeiten können Sie einfach einen beliebigen Gegenstand in Ihrer Umgebung nehmen – beispielsweise eine Postkarte, Vase, Tischdecke oder Ihren Drucker - und die Checkliste durchgehen. Vielleicht fällt Ihnen dabei etwas Gutes ein? Die Checkliste kann selbstverständlich auch für nicht-materielle Produktideen verwendet werden.

1.2.4 Bisoziation

Unter Bisoziation versteht man bildhafte Vergleiche bzw. Assoziationen, die neue Impulse für eine bekannte Aufgaben- oder Problemstellung liefern sollen. Möglicherweise können wir in Bilder etwas entdecken, das uns neue Eingebungen liefert oder das sich auf die Aufgabenstellung übertragen lässt.

Durchführung: Sie formulieren ein Problem als Fragestellung und wählen anschließend willkürlich ein Bild, Foto, Zeitungsausschnitt etc. Lassen Sie sich durch genaue Betrachtung inspirieren und verbinden dann das Bild mit der Fragestellung. Notieren Sie alle Gedanken, die auftauchen. Jede Idee ist es wert, aufgeschrieben zu werden. Finden Sie zu einem Bild keine Verbindung zum Thema, so versuchen Sie es einfach mit einem anderen.

Übung: Nutzen Sie ein oder zwei der Bilder unten oder verwenden Sie eigene Bilder für diese Übung. Wählen Sie als Thema: "Ich möchte ein Unternehmen gründen“ oder ein beliebiges anderes Thema. Verbinden Sie die Fragestellung mit dem Bild. Bedenken Sie in der Spalte „Assoziationen“ beispielsweise Funktionen, Farben, Bewegungen, Art, kulturelle Hintergründe, Symbolik, Wirkungsweisen, Formen, Handhabungen, usw.

Bild	Assoziationen zum Bild	Verbindung zur Problemstellung
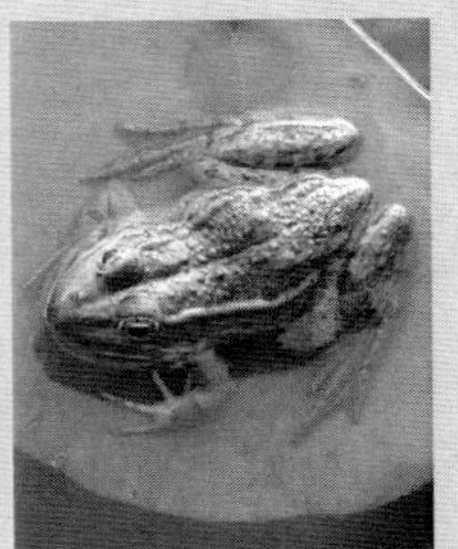		

1.2.5 Reizwortanalyse

Die Reizwortanalyse will uns ähnlich der Bisoziation veranlassen, uns mit Dingen und Ereignissen unseres Umfeldes bewusst und aufmerksam auseinander zu setzen, um in diesen möglicherweise etwas zu entdecken, das eine Idee anstößt. Im Gegensatz zur

Bisoziation wird hierbei mit Worten anstatt Bildern gearbeitet. Wenn Sie also besser mit Worten als mit Bildern umgehen können, ist diese Methode für Sie besser geeignet als die Bisoziation.

Die Reizwortanalyse arbeitet mit einer zufälligen Auswahl von Reizworten. Die Verbindung zur eigentlichen Aufgabenstellung wird in einem zweiten Schritt hergestellt. Mechanismen einer zufälligen Wahl sind beispielsweise: willkürliches Aufschlagen eines Lexikons mit dem Vorsatz, das erste Hauptwort von links oben als "Zufalls-Objekt" (Reizwort) zu benutzen, blindes Tippen auf die ebenso zufällig aufgeschlagene Seite eines Versandhauskataloges, etc. Im Anhang finden Sie eine Liste mit Begriffen, die für die Reizwortanalyse besonders gut geeignet sind.

Zur Durchführung sei hier noch erwähnt, dass sich gegenständliche Begriffe wie etwa „Haus“ oder „Elefant“ besonders gut für technische und gestalterische Aufgabenstellungen eignen. Für Aufgabenstellungen aus anderen Bereichen bieten sich eher abstrakte, nicht gegenständliche Begriffe aus der Politik, Kultur, Film, Geschichte, Religion, Mythen und Märchen an.

Vorgehensweise

1. Sorgfältige Analyse und Definition des gestellten Problems.
2. "Abladen" aller spontan verfügbaren Ideen (Kurzbrainstorming).
3. Erstellung einer zufällig ausgewählten Kollektion von fünf bis sieben Reizwörtern
4. Analyse des ersten Reizwortes (Zufallsobjektes) und Auflistung der dort gefundenen Eigenschaften, Funktionen, Abläufe, Formen, Gestalten, Anordnungen, Handhabung.
5. Rückkopplung (bisoziative Verbindung) der Reizwortelemente zum gestellten Problem mit der Frage, ob sich daraus Ideen oder Lösungsansätze ergeben. Je flexibler, vielseitiger und spielerischer diese bisoziativen Vorgänge erfolgen, desto reichhaltiger und kreativer wird das Ergebnis sein.
6. Wiederholung der Schritte 4 und 5, bis alle Reizwörter durchgearbeitet sind.

1.2.6 Bionik

Im Grunde genommen sieht man in der Bionik eine Technik oder eine Kunst, mit der man schwierige technische Probleme und Aufgaben lösen kann, indem man sich die Erkenntnisse und das Wissen über Biologie – d.h. die Zusammenhänge und Eigenschaften lebender Dinge und Systeme – zunutze macht.

In Anknüpfung an die allgemeine Empfehlung zur Kreativitätsförderung „Versuchen Sie jeden Tag über etwas erstaunt zu sein!“ bietet sich die Bionik ganz besonders an. Beobachten Sie Vorgänge in der Natur oder auch aus anderen Bereichen (Technik, Dienstleistung, etc.) und machen Sie sich das Prinzip bewusst. Machen Sie sich insbesondere in der Natur klar, wie trickreich und ausgefeilt die Vorgänge sind, die die Evolution hervorgebracht hat.

Ein paar **Beispiele** für die Anwendung der Bionik im Bereich der Produktentwicklung:

- Blätter von Bäumen verfärben sich im Laufe der Jahreszeiten. Diese Tatsache könnte einen auf die Idee bringen, das Wirkungsprinzip auf Gegenstände zu übertragen, die im Laufe der Zeit ihre Farbe verändern sollen.

- Fledermäuse orientieren sich per Schallwellen. Es gibt Versuche, diese Wirkungsweise nutzbar zu machen und auf Blinde zu übertragen. Mit Hilfe eines elektronischen Gerätes ist es möglich, Schallwellen auszusenden und die zurückgeworfenen Schallwellen so zu verstärken, dass die erblindete Person anhand der Geräusche (nach einiger Übungs- und Einarbeitungszeit) in der Lage ist, Gegenstände detailliert zu erkennen. Sie werden es kaum glauben: Blinde, die gelernt haben, die zurückgeworfenen und verstärkten Geräusche zu interpretieren, können sich sogar sicher mit dem Fahrrad bewegen!

- Die Klette heftet sich an bestimmten Untergründen fest. Diese Beobachtung stand Pate für den allseits bekannten und praktischen Klettverschluss.

Die Fülle der Möglichkeiten ist unbegrenzt! Nutzen Sie die Ideenressourcen, die Ihnen andere (fachfremde) Bereiche bieten! Sie können die Bionik auf zwei Wegen nutzen:

- Für die Zufallssuche: Sie gehen nicht von einer bestimmten Aufgabenstellung aus. Bei dieser Variante betrachten Sie einfach Vorgänge in der Natur oder anderen Bereichen und prüfen, ob diese Vorgänge möglicherweise auf Produktentwicklungen übertragbar sind.

- Für die zielgerichtete Suche: Sie gehen von einer konkreten Aufgabenstellung aus und sehen sich um, ob die Natur eventuell Vorbilder für die Aufgabe liefert.

Übung und Durchführung für die Suche mit konkreter Aufgabenstellung: Das Fahrrad ist ein beliebtes Ziel für Diebe. Überlegen Sie einmal, wie man das Problem des Fahrraddiebstahls lösen könnte. Reduzieren Sie zunächst die Problemstellung auf das Wesentliche, z.B. „Unmöglichkeit oder Erschweren des Entfernens von Gegenständen oder Teilen von Gegenständen". Danach können Sie sich an die Arbeit machen und nach Lösungen, die die Natur hierfür bietet, suchen. Im nächsten und letzten Schritt können Sie dann überlegen, ob sich mit Hilfe dieser gefundenen natürlichen Lösungen den Fahrraddieben das Handwerk legen liesse.

Übung und Durchführung für die Zufallssuche: In der nachfolgenden Tabelle sind mehrere Sachverhalte beschrieben. Reduzieren Sie diese Sachverhalte im ersten Schritt auf deren Wesen - finden Sie eine Verallgemeinerung für das Wirkungsprinzip. Überlegen Sie in einem zweiten Schritt, inwiefern das Wirkungsprinzip evtl. auf andere Dinge übertragen werden könnte. Sie sollten auch auf die Suche nach anderen Sachverhalten gehen und die Übung damit fortsetzen.

Beschreibung des Sachverhaltes	Verallgemeinerung des Wirkungsprinzips / der Wirkungsprinzipien	Mögliche Anwendungsgebiete
Südamerikanische Pfeilgiftfrösche: Die Völker in den Regenwäldern Südamerikas nutzen die giftigen Frösche für Blasrohrpfeile. Ein Pfeil wird über den Hautrücken eines Frosches gestrichen und ist so für die Jagd auf Kleinsäuger präpariert. Das Gift gelangt über die Nahrungsaufnahme in die Haut der Frösche: Durch den Verzehr von Ameisen wandert das Gift nach und nach in die Haut der Tiere, um dort Keime und Bakterien abzutöten.		
Schallkapselung: Dies ist ein Verfahren zur Lärmminderung bei Kraftfahrzeugen. Durch Kapselung des Motors oder des Motorraumes ist eine deutliche Senkung der Motorgeräusche möglich.		
Schallwellenübertragung: Manche Materialien übertragen Schallwellen besonders gut (z.B. Metall), andere weniger bis fast gar nicht (z.B. Styropor oder Schaumstoff).		
Schnee-Eulen: Das Gefieder dieser Tiere ist so wirksam, dass es die Vögel bis zu Temperaturen von -40C° schützt.		

1.2.7 Eigenbeobachtung als Instrument zur Findung von Ideen

Wenn Sie interessante neue Produkte entwickeln wollen, sollten Sie die Welt mit den neugierigen Augen eines Kindes betrachten. Es gibt eine Fülle von Möglichkeiten für erfolgreiche Produktentwicklungen - wir müssen nur bereit sein, sie zu sehen.

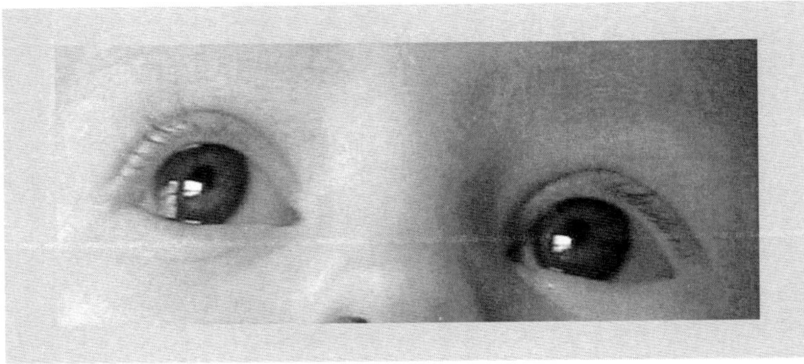

Denken wir, zum Beispiel, an Archimedes. Er stellte beim Einstieg in die Badewanne fest, dass sich der Wasserpegel änderte. Durch das Volumen des eingetauchten Körpers wurde das Wasser verdrängt. Hätte Archimedes nicht genau hingeschaut, wäre ihm die Lösung des Problems „Messung des Volumens unregelmässiger Körper" niemals eingefallen. Man kann es aber auch einfacher haben und muss nicht zwangsläufig mit wissenschaftlichem Enthusiasmus an Sache herangehen:

Die Beobachtung birgt folgende Vorteile:

- Sie sind nicht auf die Auskunftbereitschaft der Ausgangsperson angewiesen
- Sie können Sachverhalte ermitteln, die der beobachteten Person selbst nicht bewusst sind
- Sie sind nicht auf das Ausdrucksvermögen der beobachteten Person angewiesen
- Es entsteht gegenüber der Befragung kein Einfluss durch Interviewer
- Sachverhalte können beliebig oft ermittelt werden

Einige Nachteile kann die Beobachtung auch mit sich bringen:

- Die Beobachtungssituation ist evtl. nicht wiederholbar
- Beobachtungen sind manchmal schwer interpretierbar
- Bestimmte Sachverhalte können gar nicht beobachtet werden

Trotz der vorgenannten Nachteile ist die Beobachtung ein **hervorragendes Mittel für die Ermittlung von möglichen Geschäftsfeldern**. Da hierfür keine wissenschaftliche Studie benötigt wird, sind die vorgenannten Nachteile nur in geringem Maß für unseren Zweck der Geschäftsfeldentwicklung von Bedeutung.

Es gibt verschiedenste Beobachtungsfelder. Eines davon, und das nicht unbedingt das einfachste, sind wir selbst: Beobachten Sie sich selbst! Zu den Dingen, die es wert sind, beobachtet zu werden gehören beispielsweise: Was mag ich gerne und warum? Welche Dinge hätte ich gerne öfter oder würde ich gerne ausbauen? Was mag ich nicht und warum? Welche Dinge stören mich? Welche Dinge finde ich umständlich?

Sie können sich bei der Beantwortung solcher Fragen einfach eine Liste machen oder per Brainstorming einige Punkte aufschreiben. Beobachten Sie einmal einen ganzen Tag genau, welche Dinge Sie als unangenehm und welche Sie als angenehm empfunden haben und was es genau war, das Ihnen dieses Gefühl vermittelt hat. Sie werden sicherlich einiges auf Ihre Liste bringen - und fragen Sie sich dann auch, ob es möglicherweise vielen anderen Menschen genauso ergeht.

Mit Sicherheit werden Sie dabei einige Themen finden, bei denen es sich lohnt, über eine Lösung nachzudenken. Als Nachbereitung bietet sich jede der vorgestellten Kreativitätstechniken an, um mögliche Lösungen zu finden.

Übung Eigenbeobachtung: Füllen Sie die leeren Kästchen in der unten gezeigten Liste. Versuchen Sie dabei, ein ausgewogenes Verhältnis zwischen positiven Sachverhalten und negativen Sachverhalten zu finden. Wie für alle anderen Übungen gilt: Überfordern Sie sich nicht! Setzen Sie sich für den Anfang kleinere Ziele, z.B. schreiben Sie pro Woche fünf Dinge auf, die Ihnen gefallen/nicht gefallen haben und steigern Sie die Zahl dann Woche für Woche langsam. Wenn Ihnen an einem Tag nichts eingefallen ist, kann es durchaus sein, dass Ihnen beim nächsten Versuch zehn Dinge aufgefallen sind.

Beispiel für eine Liste:

Das mochte ich / fand ich einfach / etc.	Das mochte ich nicht / fand ich umständlich / etc.	Das hat mich konkret gestört/hat mir konkret gut gefallen	Wie schätze ich die Sache ein, gibt es viele Menschen, denen es genauso geht? Könnte man das anders machen?
Besuch im Park		Geräusche (Vogelzwitschern, Wasserrauschen), Farben, Geruch nach frischem Gras, etc.	Geräuschkulisse ließe sich für Wellnesszwecke verwenden (gefällt sicher vielen Menschen)
	Warten im Verkehrsstau	Stress wegen möglichen Zuspätkommens, Umbequemlichkeit, Hunger, Langeweile, etc.	Die Situation mögen viele andere Menschen auch nicht und gegen die Langeweile könnte man sich jede Menge Produktideen vorstellen.

Übung zur Nachbereitung der Selbstbeobachtung: Nehmen Sie sich ein oder zwei Punkte von Ihrer Liste, die sie mochten oder einfach fanden. Nehmen Sie nun die Osborn-Checkliste (siehe Punkt 1.2.3) zur Hilfe und finden Sie damit Möglichkeiten, die positive Erfahrung auf andere Bereiche zu übertragen, d.h. für ein anderes Produkt zu verwenden oder ein anderes Produkt daraus zu entwickeln.

1.2.8 Fremdbeobachtung als Instrument zur Findung von Ideen

Prinzipiell funktioniert die Fremdbeobachtung genauso wie die Eigenbeobachtung. Beobachten Sie andere Menschen!

Der Sinn der Übung liegt auf der Hand: Wir sind durch unser eigenes Leben stark begrenzt. Andere Menschen unternehmen andere Dinge, leben in einem anderen Umfeld, etc. Aus dieser 'Schatzkiste' können Sie sich einfach bedienen. Sie **erweitern damit Ihr Sichtfeld und schaffen weitaus mehr Möglichkeiten, Probleme zu erkennen und durch eine pfiffige Idee zu lösen.**

Hierbei ist es äusserst hilfreich, mit anderen Menschen zu reden und sich deren Probleme, ihren Ärger und ihre Freuden anzuhören. Achten Sie bewusst darauf, wenn in Ihrem Umfeld (Freunde, Kollegen, Kunden, Vorgesetzte, Familienmitglieder, etc.) Problemfelder angesprochen werden - fragen Sie ruhig genauer nach und notieren Sie sich die Problematik. Dann können Sie wie vorher anhand einer Tabelle vorgehen:

Das mochten andere	Das mochten andere nicht	Das hat konkret gestört/hat konkret gut gefallen	Wie schätze ich die Sache ein, gibt es viele Menschen, denen es genauso geht? Kann man es anders machen ?

Das mochten andere	Das mochten andere nicht	Das hat konkret gestört/hat konkret gut gefallen	Wie schätze ich die Sache ein, gibt es viele Menschen, denen es genauso geht? Kann man es anders machen ?

1.2.9 Beobachtung von Verwendungszwecken

Die Beobachtung der Verwendungszwecke von Produkten ist ganz besonders lohnenswert. Sehen Sie sich in Ihrem Alltagsleben einmal um, wie viele und welche Dinge Sie und Andere zu anderen Zwecken einsetzen, als für die Zwecke, für die die Dinge eigentlich gemacht sind.

Kennen Sie die Werbung für die Küchenrolle namens Bounty? Der Hersteller dieser Küchenrolle hat durch Beobachtung von Kunden festgestellt, dass die handelsüblichen Küchenrollen mehrheitlich als „Einmal-Putztuch" verwendet werden. Die Konsequenz daraus war die Entwicklung eines Küchentuchs, das genau für diesen Zweck besonders gut geeignet ist.

Es gibt eine große Fülle solcher Zweckentfremdungen. So sind Feuerzeuge beispielsweise äusserst beliebt zum Öffnen von Bierflaschen (und gehen dabei kaputt!). Mindestens ein Drittel deutscher Haushalte verwendet Trinkgläser als Messbecher und ist dann nicht sicher, ob die Menge nun richtig war - warum gibt es keine Kombination aus beidem?

Haben Sie schon einmal einen Nachmittag im botanischen Garten verbracht und die Menschen dort beobachtet? Da sieht man viele Hobbygärtner, die fleissig die verblühten Blüten interessanter Gartenpflanzen als Vorrat für die heimische Gartenzüchtung abrupfen - all die schönen Blumensamen landen dann in den Handtaschen, um dort zu Krümeln zu verfallen. Besonders beliebt sind auch leere Taschentuchpäckchen als Sammelstelle um dann später nicht mehr zu wissen, welche Blumen man eigentlich eingesammelt hat. Trotz alledem gibt es keine Gartenanlagen, die diese Zweckentfremdung als 'Blumensamenladen' nutzen. Mit Leichtigkeit ließen sich hier verschiedene Ideen entwickeln: Das Anbieten eines Sets zum Sammeln von Pflanzensamen; das Anlegen eines speziellen Sammelgartens oder der Verkauf sortierter Blumensamen seltener Arten mit Anleitung.

Schauen Sie also genau hin - wie verwenden Menschen bestimmte Produkte? Gibt es Zweckentfremdungen oder werden Produkte angepasst, um sie besser funktionsfähig zu machen? Die Beobachtung ist das beste Mittel, um solche Dinge zu erkennen. Den meisten Menschen ist nicht bewusst, dass sie Dinge anpassen, umformen oder zweckentfremden.

Übung: Suchen Sie nach anderen Verwendungen üblicher Gegenstände. So nutzt man beispielsweise Teller zum Essen. Man kann ihn jedoch auch als Obstschale benutzen, als Geldsammelbehälter, bemalt als Wandschmuck, usw. Welche zusätzlichen Verwendungsmöglichkeiten gibt es für ein Blatt Papier, eine Wäscheklammer, einen Autoreifen, ein Trinkglas und andere Gegenstände?

1.3 Analytische Techniken

1.3.1 Morphologie (Matrix)

Die morphologische Methode ist eine systematische Strukturanalyse mit dem Ziel, neue Kombinationen zu finden. Die bekannteste morphologische Technik ist der von dem Schweizer Physiker F. Zwicky (1898 – 1974) entwickelte morphologische Kasten. Bei Verwendung von zwei Dimensionen spricht man von morphologischer Matrix. Bei Verwendung von drei Dimensionen spricht man vom morphologischen Kasten. Sowohl mit der zweidimensionalen Matrix als auch mit dem dreidimensionalen Kasten lassen sich Beziehungszusammenhänge darstellen und die Merkmale eines Produktes oder eines Geschäftsfeldes ausbauen und definieren.

Das nachfolgende Beispiel für den morphologischen Kasten zeigt die Varianten von Informationstechnologie im PKW-Bereich. Die Parameter zeigen die Bereiche der Gestaltungsmöglichkeiten an (Oberbegriffe), die Lösungsmöglichkeiten zeigen konkrete Ansätze, wie die Bereiche ausgestaltet werden könnten. Die Ausgestaltung der Bereiche - also die Lösungsmöglichkeiten - könnten Sie mit allen anderen vorgestellten Kreativitätstechniken erarbeiten. Der Kasten liefert einen guten Überblick über die Summe der Möglichkeiten und Sie können dann anfangen, passende Kombinationen auszuwählen.

So könnten wir beispielsweise entscheiden, dass zur Marke BMW eine bestimmte Kombination im unten gezeigten morphologischen Kasten gut passt (Auswahl ist fett markiert).

Parameter	Lösungsmöglichkeiten			
Kommunikation	Sprache	Tasten	Maus	Display
Sicherheit	Notrufsystem	Selbstdiagnosesystem	Bremsweg-berechnung	Geschwindig-keitsbegrenzung
Komfort	**Temperatur- und Be-lüftungsregelung**	**Parkleitsystem**	Navigator	Reiseführer
Ökonomie	Kraftstoffverbrauchs-berechnung	etc.	etc.	etc.
Job	**Internetzugang**	Telefon	Terminplaner	Lernprogramme
Spaß	Fernsehen für Beifah-rer	Veranstaltungshin-weise	Menüge-steuertes Radio-programm	etc.
Design	**sachlich und kühl**	freundlich und warm	jung und leben-dig	kindlich/verspielt
Vielfalt	**schlicht und wichtig**	aufwendig und technisch anspruchs-voll	beliebig zu-stammenstellbar	Grundpaket mit Erweiterungs-optionen

Der morphologische Kasten eignet sich auch bestens für eine Kundenbefragung. Lassen Sie Ihre Kunden einfach ankreuzen, welche Komponenten sie gerne hätten. Begrenzen Sie dabei aber unbedingt die Zahl der möglichen Nennungen, um die bedeutendsten Komponenten herauszufinden. Sie können diese Eingrenzung beispielsweise im Fragebogen mit dem Satz „bitte kreuzen Sie vier Komponenten an“ vornehmen.

1.3.2 Fragenkaskade

Manchmal sieht man eine Problematik, deren Lösung zu einer Produkt- oder Geschäftsidee führen kann, ist aber nicht in der Lage, die oberflächliche Betrachtung aufzugeben. Oft muss ein Problem eben 'an der Wurzel gepackt werden' um eine Lösung herbeizuführen. Die Fragenkaskade dient dazu, dem Kernproblem auf die Spur zu kommen. Ausgehend von einem Problem oder einer Aufgabenstellung wird versucht, den Grund für die Problem-/Aufgabenstellung zu erkunden um dann dem Problem mit geeigneten Mitteln auf den Grund zu gehen - hierfür bietet sich dann im zweiten Schritt jede der genannten Kreativitätstechniken an.

Warum druckt der Drucker nicht mehr die gewünschten Farben?
Antwort: Weil der Druckkopf voller schwarzer Tinte ist.
Warum ist der Druckkopf voller schwarzer Tinte?
Antwort: Weil die Tinte ausgelaufen ist.

Warum ist die Tinte ausgelaufen?
Antwort: Weil die Tinte nicht für den Drucker geeignet ist.
Warum ist die Tinte nicht für den Drucker geeignet?
Antwort: Weil die Tinte nicht vom Hersteller der Druckers ist.
Warum gibt es ein Problem, wenn die Tinte nicht von Hersteller des Druckers ist?
Antwort: Weil jeder Druckerhersteller eigene Technologien verwendet und die jeweilige Tinte auf diesen Druckertyp abgestimmt ist.

Das Prinzip der Fragenkaskade ist es, sich nicht mit der erstbesten Antwort zufrieden zu geben, sondern so lange nach dem "Warum" zu fragen, bis man zur eigentlichen Ursache durchdringt. Im oben gezeigten Beispiel kann man sich im zweiten Schritt die Frage stellen, wie das Grundproblem lösbar wäre. Mögliche Antworten bzw. Lösungen sind dann schnell gefunden: Normen für Druckköpfe, die Tinte des Herstellers besser kopieren, einen Universal-Druckkopf erfinden, etc. ...

1.3.3 Mindmapping

Diese Methode wurde in den 70er Jahren von dem Engländer Tony Buzan entwickelt. Grundidee von Buzan ist, dass Informationen nicht vertikal von links oben nach rechts unten aufgeschrieben werden, sondern anders vorzugehen: von einem zentralen Begriff in der Mitte des Blattes werden die Informationen weiterentwickelt. Die Methode des Mindmapping basiert auf der Vorstellung, dass das Gehirn in zwei Hälften unterteilt ist, welche in arbeitsteiliger Weise funktionieren. Eine Verknüpfung dieser beiden Funktionsweisen kann durch das Abbilden der Gedankenlandkarte, also der Mindmaps erreicht werden. Eine fertige Mindmap ist ein Gesamtbild des Denkprozesses mit einzelnen Gedankenpfaden und Elementen.

Beim Mindmapping werden Ideen zunächst ungeordnet und unbewertet visualisiert. Einfälle werden so in die Mindmap geschrieben oder gemalt, wie sie im Kopf auftauchen. Ein Ordnungsprozess setzt erst an späterer Stelle ein. Um ein Thema herum entwickeln sich baumartige Strukturen in Bildern und Begriffen.

Bei einer Mindmap beginnt man - im Unterschied zu traditionellen Aufzeichnungen - mit der Zentralidee (oder dem Zentralthema) in der Mitte des Blattes. Es wird empfohlen, das Papier im Querformat zu verwenden. Ausgehend von der Zentralidee assoziiert der Anwender weitere Teilbereiche, die mit dieser Idee zusammenhängen. Diese können auf einem separaten Blatt notiert oder direkt in die Map eingetragen werden. Die wichtigsten Einfälle werden auf Linien geschrieben, die mit der Zentralidee verbunden sind (sog. Hauptäste). Die Hauptäste können nochmals in Unterverzweigungen (sog. Nebenäste oder Zweige) gegliedert werden. Diese Unterteilungen können auf der zweiten, dritten und weiteren Ebenen fortgesetzt werden.

Wichtig ist: Auch scheinbar zufällige Richtungsänderungen sind zugelassen. Die Verzweigungen eines Hauptastes müssen nicht fertiggestellt sein, bevor man zu einem anderen übergeht. Jeder neue Gedanke bedeutet eine neue Linie, die entweder vom Zentrum ausgeht (Hauptast) oder eine bereits bestehende Linie (Nebenast/Zweig) fortführt.

Die Haupt- und Nebenäste bilden das Gerüst einer Mindmap. In unmittelbarem Anschluss an die Maperstellung oder zu einem späteren Zeitpunkt wird die Mindmap überarbeitet. Fehlende Assoziationen werden ergänzt, falls nötig wird eine Umstrukturierung der Map vorgenommen. Darüber hinaus sollte man prüfen, ob zwischen verschiedenen Haupt- und Nebenästen Querverbindungen bestehen.

Nachfolgend sehen Sie ein Beispiel für eine Mindmap zum Thema „Selbständigkeit". Die Mindmap zeigt im Zentrum den Ausgangspunkt bzw. die Thematik. Im nächsten Schritt sind zu bedenkende Punkte grob genannt - Kunden, Konkurrenz, Qualifikationen etc. sind Oberbegriffe, in deren Rahmen dann weitergedacht wird. Sie können in der Mindmap nach belieben Symbole, Farben und Zeichen verwenden. Im gezeigten Beispiel sind Symbole mit „Daumen oben" und „Daumen unten" für gute/schlechte Bewertungen von bestimmten Punkten verwendet worden. Häufig werden auch Symbole mit Blitz, Ausrufezeichen und Ähnlichem verwendet. Die Bildsprache macht die Mindmap einprägsamer und Sie erkennen auf den ersten Blick „wo der Hase im Pfeffer liegt". Die gezeigte Mindmap wurde mit der Software MindManager erstellt - sie kann im Internet z.B. unter www.chip.de als 30-tägige kostenlose Testversion heruntergeladen werden.

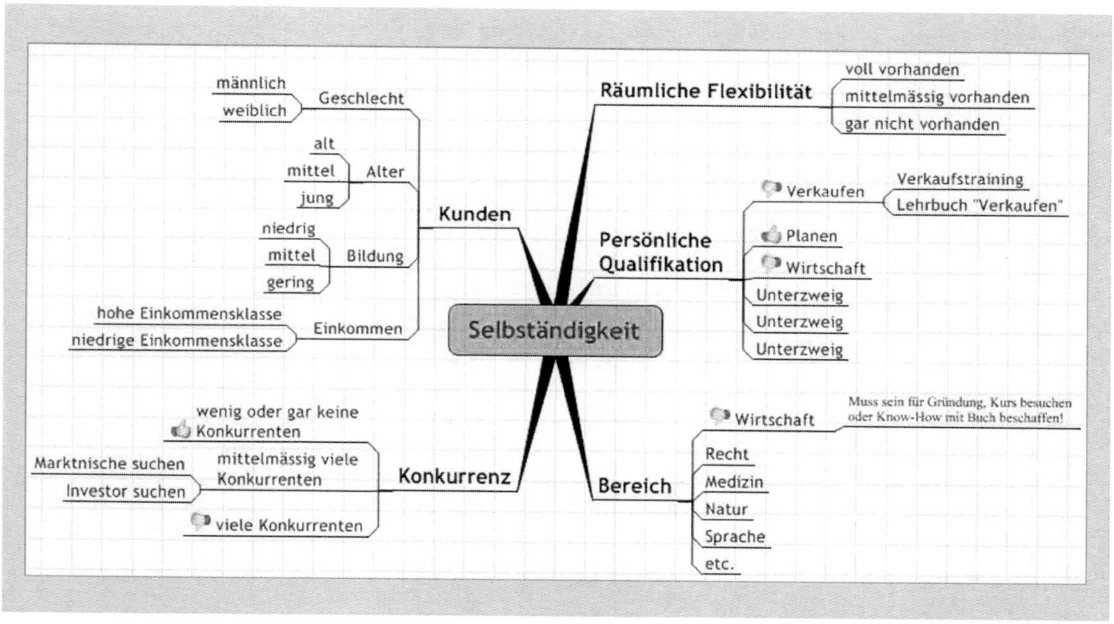

1.3.4 Suche nach Produkt- und Geschäftsideen im Ausland

Viele Produkt- und Geschäftsideen können sozusagen „importiert" werden. Ein gutes Beispiel stellen die üblichen gastronomischen Betriebe dar, die Speisen, Getränke und Flair aus aller Welt auf unseren Speise- und Erlebnisplan bringen. Alleine in diesem Geschäftszweig würden sich bei Betrachtung einer Weltkarte sehr viele Regionen finden lassen, die derzeit nicht oder nur in sehr geringem Maße im Angebot sind - es muss ja nicht immer das Chinarestaurant sein.

Sind Sie auf der Suche nach technologisch innovativen Produktideen? Dann sollten Sie Ihren Blick nach Fernost richten. Japan ist unserem technologischen Stand beispielsweise weit voraus und ist insofern eine wahre Fundgrube und nebenbei ein sehr gutes „Barometer“ für Produkte, die die europäischen Märkte zukünftig erobern werden. Wenn Sie über die politische Entwicklung in Deutschland nachdenken, wird Ihnen sicherlich einfallen, dass es viele Änderungen im Gesundheits- und Sozialwesen gibt und wohl noch geben wird. Es gibt viele Länder, in denen solche Reformen bereits vorgenommen wurden oder bestimmte Leistungen nie existiert haben - schauen Sie sich doch einmal an, welche Blüten dies in England oder den USA getrieben hat. Sicherlich findet sich dort die eine oder andere brauchbare Idee, die sich leicht auf einen regionalen bzw. auf den nationalen Markt in unseren Breiten übertragen lässt.

Ich zeige hier noch eine Mindmap zum Thema „Produktideen aus dem Ausland“. Sie sehen nocheinmal deutlich, wie die relevanten Kriterien hier einsortiert und strukturiert werden können. Vermutlich werden Ihnen noch viele weitere Dinge hierzu einfallen.

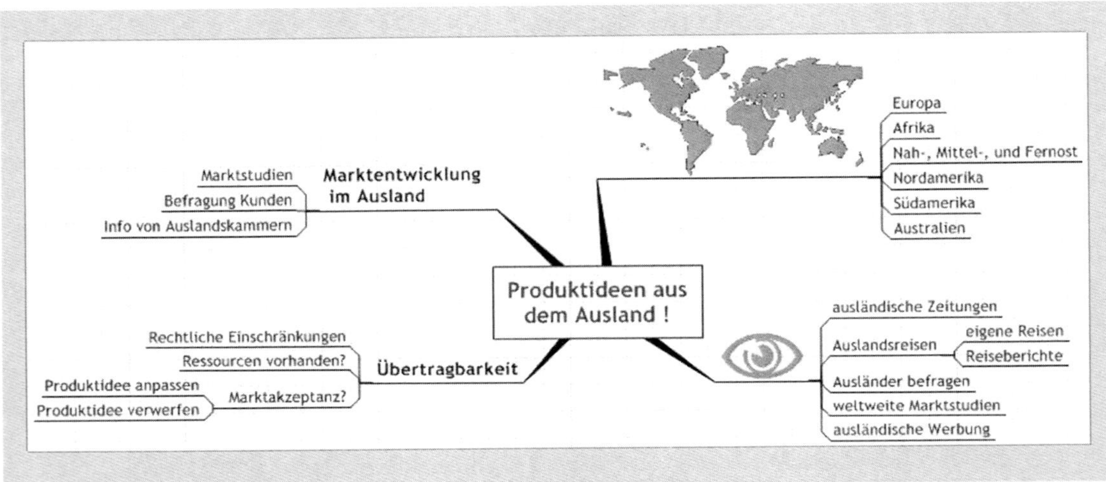

1.3.5 Prozessanalyse

Die Prozessanalyse kommt aus der Betriebswirtschaftslehre und wird verwendet, um Schwachstellen in Prozessen aufzudecken. Unter einem Prozess versteht man dabei eine Abfolge von Ereignissen, die notwendig sind, um ein bestimmtes Ergebnis zu erreichen. Diese Abfolge wird grafisch dargestellt und Schritt für Schritt auf Schwachstellen geprüft. Die Methode kann auch für die Produktentwicklung genutzt werden, da aufgespürten Schwachstellen Hinweise auf mögliche Entwicklungsfelder für Produktideen geben.

Merkmale der Prozessanalyse sind:

- Umfassende Prüfung der Vorgänge im Gesamtzusammenhang wird möglich.

- Die Übersichtlichkeit wird durch die grafische Darstellung erheblich gesteigert.
- Bestimmte Dinge können sofort als Schwachstelle erkannt werden: manuelle Vorgänge sind immer fehleranfällig; viele Kästchen (Vorgänge), die über mehrere Ebenen springen, weisen auf einen sehr komplizierten Prozess hin; Unterbrechungen zwischen den Kästchen (Vorgängen) weisen auf problematische Kommunikation hin.
- Auch (scheinbar) einfache Prozesse können damit aufgezeigt und in ihrer Komplexität erkannt werden.
- Es sind manchmal umfassende Kenntnisse der Prozesse notwendig (kann durch Interviews von Experten gewonnen werden).

Ich möchte Ihnen an dieser Stelle die Prozessanalyse am Beispiel einer Banküberweisung auf dem herkömmlichen Weg (mit Vordruck) zeigen:

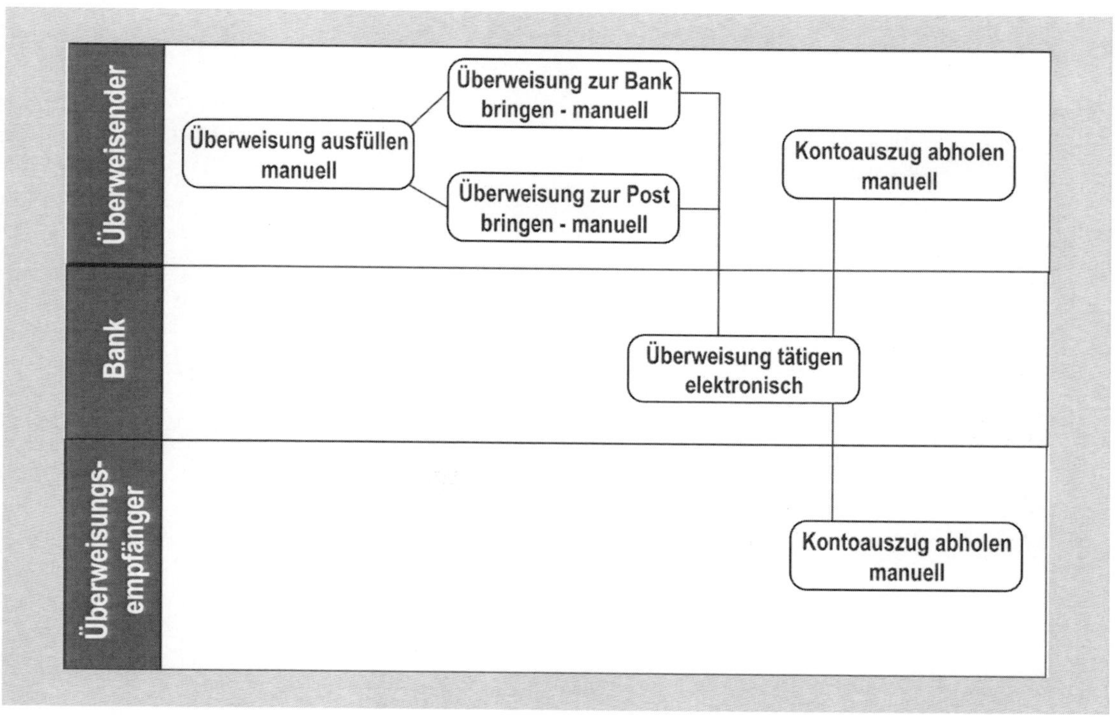

Das obenstehende Bild zeigt in den Querbalken die am Prozess beteiligten Einheiten (Überweisender, Bank, Überweisungsempfänger). Die Tätigkeiten im Prozess werden in den Kästchen dargestellt und beinhalten eine Beschreibung, wie die Tätigkeit ausgeführt wird (z.B. manuell, elektronisch).

Wichtig bei der Sache ist, dass der gesamte Prozess aufgezeichnet wird - nur so können Sie die Komplexität des Ganzen überblicken. Damit erkennen Sie auf den ersten Blick welche Konsequenzen Änderungen auf vorgeschaltete oder nachfolgende Stellen hätten. Sie können nun die einzelnen Schritte im Prozess näher analysieren. Grundsätzlich kann aber auch das gezeigte Bild schon im Überblick Hinweise geben - vielleicht zeigt sich, dass es besonders kompliziert ist?

Die weitergehende Analyse der Prozessschritte kann wie folgt durchgeführt werden:

Überweisender: Überweisung ausfüllen	manuelle Schritte sind **fehleranfällig**
Überweisender: Überweisung zur Post/Briefkasten bringen	**etwas zeitaufwendig** und **Kosten entstehen**
Überweisender: Überweisung zur Bank bringen	sehr **zeitaufwendig**
Bank: Überweisung tätigen	schnell, wenig fehleranfällig
Überweisender: Kontoauszug abholen	**zeitaufwendig**
Überweisungsempfänger: Kontoauszug abholen	**zeitaufwendig**

Eine solche Prozessanalyse zeigt die Schwachstellen auf: Bei mehreren Schritten taucht der Begriff „zeitaufwendig“ auf und das manuelle Erstellen des Überweisungsträgers (Formular) ist fehleranfällig. Dies sind Hinweise, die für die Entwicklung von Produkten genutzt werden können.

Übung: Zeichnen Sie den Prozess „Banküberweisung mit dem Internet“ auf. Nehmen Sie auch hier eine Schwachstellenanalyse vor! In einem weiteren Schritt können Sie dann überlegen, welche Teile des Prozesses verbessert werden könnten. Diese verbesserungswürdigen Dinge können dann als Aufgabenstellung für eine Kreativitätstechnik verwendet werden.

1.3.6 Chancen bei der Veränderung von staatlichen und/oder gesetzlichen Rahmenbedingungen

Beobachten Sie politische Entwicklungen! Alle Bereiche, in denen der Staat „mitmischt“ und plant, seine Beteiligung aufzugeben, führen zur Entstehung neuer Märkte. Die Reduktion im Bereich Sozialwesen und im Gesundheitswesen wird zu starken Veränderungen auf den freien Märkten führen. Halten Sie also im Blick, welche staatlichen Beteiligungen und Leistungen zukünftig reduziert oder vielleicht sogar ganz aufgegeben werden sollen - hier bieten sich viele Chancen für innovative Produktideen und neue Geschäftsfelder. Zur Ergänzung können Sie (wie vorher schon erwähnt) einen Vergleich mit Ländern heranziehen, in denen die jeweilige Situation bereits üblich ist – die gefundenen Produkte können Sie dann auf Übertragbarkeit in hiesige Märkte prüfen. Auch Gesetzesänderungen in anderen Bereichen können zur Veränderung von Märkten führen.

2. Ideenbewertung

Für die erste Auswahl der Idee(n) bzw. Bewertung muss die Idee noch nicht weiter spezifiziert werden - eine grobe Formulierung reicht aus. Für die Bewertung einer Idee verwenden wir Checklisten. Die Checklisten können einfach durchgegangen werden; alternativ ist es möglich, eine Gewichtung je Kriterium zu vergeben und die Idee dann nach einem Punktesystem zu bewerten. Diese Vorgehensweise bietet sich insbesondere dann an, wenn mehrere Alternativen vorliegen. Das Verfahren der Ideenauswahl anhand eines Punkteverfahrens wird im weiteren Verlauf noch detailliert beschrieben – fangen Sie erst einmal mit der „einfachen" Checkliste an.

2.1 Grundbegriffe

Die Ideenbewertung prüft neben anderen Faktoren schwerpunktmässig die wirtschaftlichen Rahmenbedingungen. Um die Prüfung durchführen zu können, werden hier zunächst einige betriebs- bzw. volkswirtschaftliche Grundbegriffe geklärt. Diese Grundbegriffe dienen als wichtiges Rüstzeug, um die nachfolgenden Vorschläge zur Bewertung Ihrer Idee(n) zu verstehen und durchzuarbeiten. Es handelt sich um wichtige Grundlagen aus dem Bereich Betriebs-/Volkswirtschaftslehre, die Sie auch weiterhin im Rahmen Ihrer unternehmerischen Tätigkeit gut gebrauchen können.

2.1.1 Produktlebenszyklus

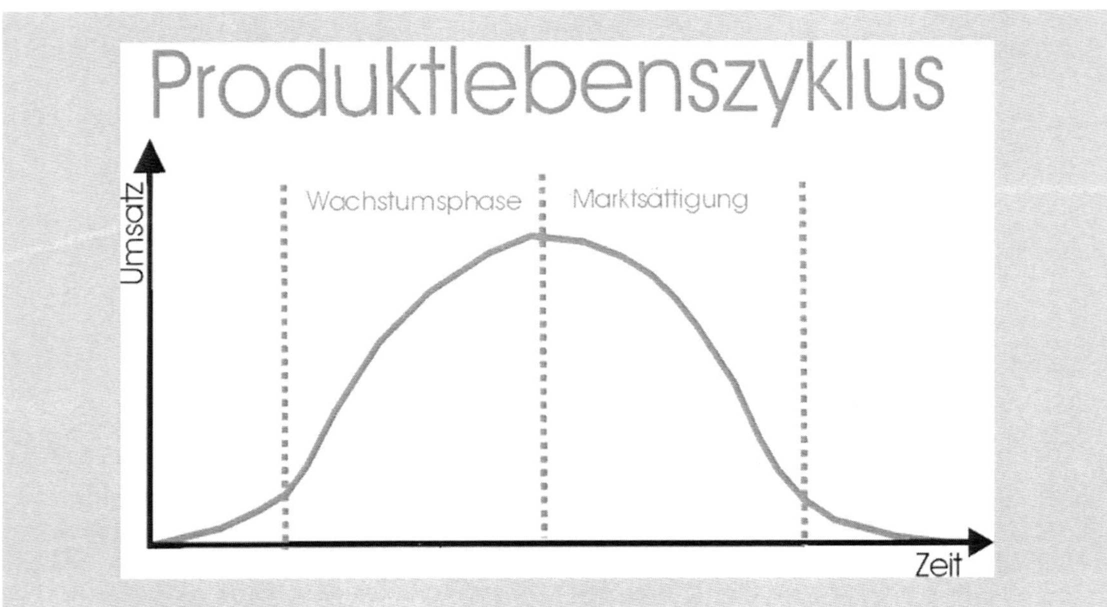

Das obenstehende Diagramm zeigt den Lebenszyklus eines Produktes. Dieser Lebenszyklus gilt für Produkte jeder Natur (Güter und Dienstleistungen). Er kann sich über unterschiedlich lange Zeit entwickeln. Zusammenfassend sagt er aus, dass es eine Anlaufphase mit geringer Umsatzsteigerung gibt, dass danach eine Wachstumsphase mit grosser Umsatzsteigerung folgt und dass der Umsatz bei Erreichen der Marktsättigung dann stark wieder abnimmt.

Die Moral aus der Geschichte: **Sie müssen rechtzeitig mit neuen Ideen aufwarten, um den absinkenden Umsatz der „alten" Produktidee aufzufangen!** Vergegenwärtigen Sie sich bei der Ideeneinschätzung auch, ob Ihr Produkt bzw. Ihre Produktidee eher einen zeitlich langgestreckten Verlauf haben wird oder ob Sie mit einem kurzen Verlauf rechnen müssen. Kurze Verläufe sind insbesondere in den High-Tech-Bereichen wie z.B. Software, Hardware, Mobilfunk etc. zu erwarten. Langgestreckte Verläufe gibt es im Bereich Immobilien oder auch im Bereich der Investitionsgüter (z.B. bei Anlagen, die an Firmen verkauft werden und dort lange Zeit in Betrieb sind).

Der Produktlebenszyklus gibt einen weiteren wichtigen Hinweis: Wenn Sie mit Ihrer Produktidee in einen Markt gehen, der schon seit einiger Zeit in der Wachstumsphase ist, so müssen Sie damit rechnen, dass dieser Markt bald die Sättigungsgrenze erreicht und der Umsatz wieder zurückgeht. **Es ist also vorteilhaft, mit Ihrer Idee einen Markt zu erobern, der noch nicht existiert oder der gerade in der Anlaufphase ist.**

2.1.2 Kosten-, Umsatz-, und Gewinnbegriff

Neben dem Produktlebenszyklus sind noch die Verläufe von Kosten und Umsatz und deren Zusammenhänge von großer Bedeutung. Der **Umsatz** ergibt sich aus verkaufter Menge multipliziert mit dem Verkaufspreis. Bei den Kosten unterscheidet man fixe und variable Kosten. Der Gewinn ergibt sich aus der Subtraktion der Gesamtkosten vom Umsatz – die Gesamtkosten ergeben sich aus Fixkosten plus variable Kosten.

Fixe Kosten: Fixe Kosten bezeichnen solche Kosten, die sich nicht in Abhängigkeit der produzierten oder verkauften Menge der Produkte entwickeln. Dazu gehören beispielsweise Mietkosten, Kosten für Anlagen, Werkzeuge, etc. Wenn Sie beispielsweise einen Raum anmieten, verändern sich die Mietkosten auf mittlere Frist nicht - unabhängig davon ob Sie 10 oder 100 Stück Ihrer Leistung verkaufen.

Variable Kosten: Diese verändern sich mit der Produktmenge. Typische variable Kosten entstehen für Material, das sie für Ihre Produkte verwenden. Produzieren Sie beispielsweise Holzmöbel, so entstehen für jedes hergestellte Stück Materialkosten - die Kosten steigen entsprechend, wenn Sie 10 Stück produzieren.

Möglicherweise finden Sie ein paar einfache Formeln übersichtlicher? Mit diesen grundlegenden Formeln lassen sich die bedeutendsten Begriffe aus der Finanzwelt umschreiben:

Umsatz = Menge x Verkaufspreis
Gesamtkosten = Fixkosten + Variable Kosten
Gewinn = Umsatz - Gesamtkosten

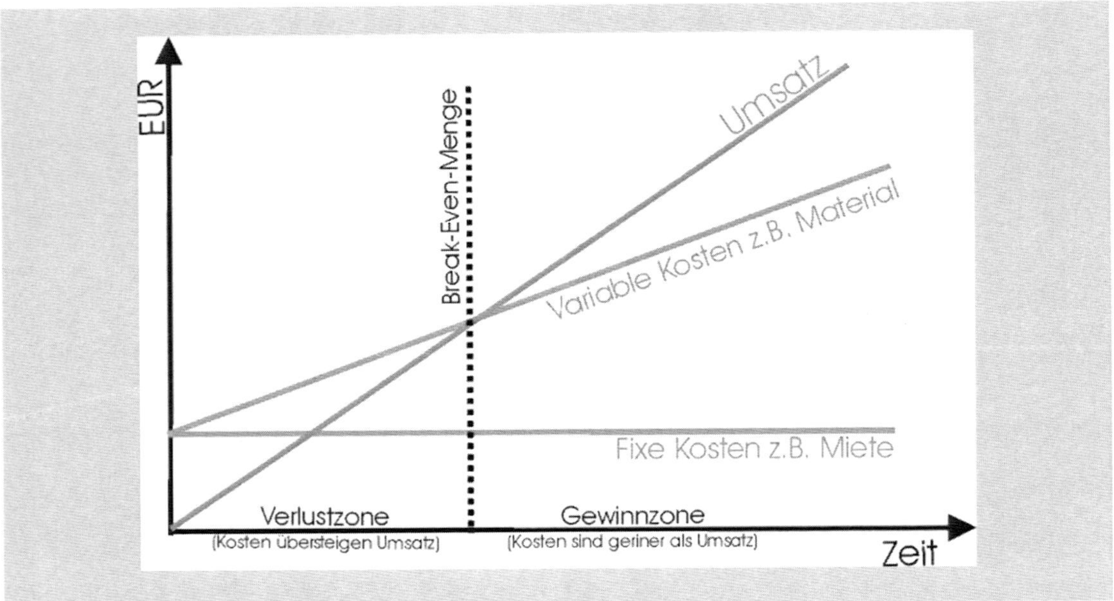

Betrachten Sie das Bild oben und machen Sie sich klar, dass es eine Schnittmenge von Kosten und Umsatz gibt - diese Schnittmenge markiert den Punkt, ab dem Sie in die Gewinnzone kommen! Der Schnittpunkt wird als Break-Even-Punkt bezeichnet.

Klar ist: je schneller die Gewinnzone erreicht wird, desto vorteilhafter ist dies - ganz besonders dann, wenn Sie als Kleinunternehmer wenig Kapital haben, um eine langwierige Verlustzone abzufangen. Sie erreichen dies, indem Sie die fixen Kosten so gering wie möglich halten - **Fixkostenflexibilisierung** heisst das Zauberwort. So sollten Sie beispielsweise darüber nachdenken, ob Sie Anlagen (z.B. Computer oder Werkzeuge) mieten oder leasen können um sie erst dann zu kaufen, wenn Sie bereits in der Gewinnzone sind.

Übung: Zeichnen Sie das obenstehende Bild mit unterschiedlich hohen Fixkosten auf. Vergleichen Sie die Bilder mit niedrigen Fixkosten mit denen der hohen Fixkosten und formulieren Sie die Auswirkungen! Eine Lösung finden Sie im Anhang.

2.1.3 Marktbegriff

Im weiteren Verlauf werden Sie noch sehr oft den **Begriff „Markt"** lesen. Haben Sie sich schon einmal die Frage gestellt, was das eigentlich ist? Der Marktbegriff kann gut am Beispiel „Fahrrad" erklärt werden. Denken Sie, dass es einen Markt für Fahrräder gibt? Klare Sache - könnte man meinen: Fahrräder werden ge- und verkauft, also muss es wohl einen Markt dafür geben. Diese Vermutung nehmen wir nun einmal etwas genauer ins Visier:

Stellen Sie sich vor, die Käufer der unten genannten Fahrräder würden gefragt, warum sie ein Fahrrad kaufen. Die Antworten für die beiden Fahrräder würden wahrscheinlich recht unterschiedlich ausfallen. Je nach Zweck bzw. Ziel beim Kauf kommen entsprechend auch andere Güter in Frage, die als Ersatz für den Kauf des jeweiligen Fahrrades dienen können. Güter, die als Ersatz in Frage kommen, werden Substitutionsgüter genannt.

Hochwertiges Mountainbike

mögliche Ziele/Gründe für den Kauf:

- intensive sportliche Betätigung
- Fitness
- Überwindung größerer Strecken

möglicher Ersatz (Substitutionsgüter):

- andere Sportgeräte/Sportstudio
- Nutzung öffentlicher Verkehrsmittel (Fernverkehr)
- etc.

Markt für intensive sportliche Betätigung und/oder Überwindung großer Strecken ist relevant!

Hochwertiges Stadtfahrrad

mögliche Ziele/Gründe für den Kauf:

- Ausflüge mit der Familie
- Überwindung kurzer Strecken
- leichte sportliche Betätigung

möglicher Ersatz (Substitutionsgüter):

- Nutzung öffentlicher Verkehrsmittel (Nahverkehr)
- Spaziergänge
- etc.

Markt für die leichte sportliche Betätigung und/oder Überwindung kleiner Strecken ist relevant!

Märkte sind über die genannten Substitutionsgüter definiert, nicht über den Gegenstand selbst! Aus dem Beispiel mit den beiden Fahrrädern kann man schließen, dass je nach Zweck, den der Käufer verfolgt, ein anderer Markt besteht. Bei Ihren Überlegungen sollte es also eine Rolle spielen, welches Ziel potenzielle Käufer verfolgen und ob es andere Produkte gibt, mit denen die potenziellen Käufer dieses Ziel ebenfalls erreichen können.

Übung: Überlegen Sie sich, welche Ziele die Konsumenten folgender Artikel wohl verfolgen und mit welchen Gütern/Produkten diese Konsumenten den gleichen oder einen ähnlichen Erfolg erzielen könnten. Sie müssen die Antworten nicht auf Richtigkeit prüfen - es geht lediglich um die Erkenntnis, dass Konsumenten Ziele verfolgen und dass Märkte sich darüber definieren lassen. Sie können in einem weiteren Schritt auch überlegen, welche Personengruppen wahrscheinlich die von Ihnen vermuteten Ziele verfolgen – damit haben

Sie dann schon den ersten Schritt in Richtung „Definition der Zielkundengruppe“ gemacht. Überlegen Sie sich die Tabelleneinträge auch für Ihre eigene Produkt- oder Geschäftsidee.

Produkt	**mögliche Ziele / Gründe des Kunden für den Kauf**	**mögliche Ersatzgüter**	**Wer verfolgt solche Ziele?**
Adventure-Urlaub	sportliche Betätigung, Extremsport, Leistung erbringen, etc.	Indoor-Climbing, andere Extremsportarten	Männer, Menschen, die durch Leistungsgedanke getrieben werden, etc.
Mobilfunktelefon mit Kamera			
Badeurlaub			
eigene Produkt- oder Geschäftsidee: ______________			

2.1.4 Markteintrittsbarrieren

Der letzte wichtige Begriff soll nun vorgestellt werden: **Markteintrittsbarrieren.** Markteintrittsbarrieren sind Sachverhalte, die Wettbewerber davon abhalten, in Konkurrenz zu treten bzw. in den Markt einzutreten. Wenn Sie ein neuartiges Produkt entwickeln, ist es von großem Vorteil, solche Barrieren zu schaffen. Wenn Sie in einen Markt mit solchen Barrieren eintreten wollen, können Sie evtl. über Kooperationen mit großen Unternehmen Ihr Schnäppchen machen. Typische Markteintrittsbarrieren sind folgende:

Hohe Investitionskosten: In manchen Bereichen ist ein Markteintritt fast unmöglich, da die Kosten für die Investition sehr hoch sind. Ein beliebtes Beispiel hierfür ist das Angebot der Deutschen Bahn. Wollten Sie als Konkurrent auftreten, müssten Sie ein Schienen- und Infrastrukturnetz schaffen - das ist fast ein Ding der Unmöglichkeit.

Hohe Marktaustrittskosten: In einigen Geschäftsfeldern entstehen horrende Kosten, wenn man aus einem Markt wieder austreten will. So muss beispielsweise in manchen Fällen ein hoher Aufwand für die Entsorgung von Gütern betrieben werden.

Künstlich geschaffene Monopole: Das beste Beispiel hierfür ist die ehemalige Monopolstellung der Deutschen Telekom. Sie hatte den Telekommunikationsmarkt in Deutschland fest im Griff, konnte die Preise nach Belieben festsetzen und kräftig an der Kundschaft verdienen. Alternativen hatte die Kundschaft nicht. Das alles gab es auf staatliche Garantie - der politische Trend weist deutlich in Richtung „Auflösung solcher Monopolstellungen"; mit **staatlich geschaffenen Monopolen** ist also zukünftig nicht mehr zu rechnen. Ein zweiter Weg hin zum Monopolisten ist jedoch der **Schutz einer Produktentwicklung durch Patente** - die Einschränkung ist allerdings offensichtlich: Dienstleistungskonzepte können nicht patentiert werden; diese Möglichkeit besteht nur für technische, naturwissenschaftliche oder ähnliche Verfahren und Produkte. Falls Sie also die Möglichkeit haben, Ihre Produktidee durch Patente oder andere Rechte zu schützen, sollten Sie dies unbedingt in Anspruch nehmen.

Spezialistentum: Wenn Ihre Produkt-/Geschäftsidee durch Ihr spezielles Know-how getragen wird, haben Sie gute Chancen, Konkurrenten kurz- und mittelfristig aus dem Markt fernzuhalten. Es ist logisch: je mehr spezifisches und seltenes Fachwissen für die Realisierung einer Produkt- bzw. Geschäftsidee notwendig ist, desto länger werden potenzielle Konkurrenten brauchen, um sich dieses anzueignen. Diese Zeit können Sie dann nutzen, um Ihren Know-how-Vorsprung noch weiter auszubauen.

Zielgruppe „kleine Märkte": Die berühmte Marktnische bedient üblicherweise eine kleine Kundengruppe. Ist die Kundengruppe etwa so groß, dass Sie gerade gut damit verdienen können, werden sich Konkurrenten ausrechnen, dass es sich nicht lohnt, in diesen Markt einzutreten - die Rosinen sind hier schon vergeben. Mit einer solchen Zielgruppe halten Sie insbesondere große, finanzstarke Konkurrenten aus „Ihrer" Marktlücke heraus.

Mit diesen Grundbegriffen sind Sie nun bestens auf den Ideencheck vorbereitet und können sich an die Bearbeitung der folgenden Listen/Fragenkataloge und Bewertungen machen.

2.2 Checklisten

Sie sollten die folgenden Listen durchgehen, um festzustellen, ob es Kriterien gibt, die die Umsetzung der Idee unmöglich machen würden oder um negative und/oder ungeklärte Aspekte aufzudecken. Die Listen nehmen verschiedene Aspekte (das Unternehmen, das Know-how, die Marktlage) umfangreich unter die Lupe und machen eine umfassende Einschätzung möglich.

In der gezeigten Checkliste gibt es noch keine Gewichtung der Kriterien - manche Kriterien sind wichtiger als andere! Die Gewichtung der wichtigsten Kriterien und der Abgleich mehrerer Ideen wird in den nachfolgenden Kapiteln noch gezeigt. Bedenken Sie bei der Checkliste, dass Sie einige Punkte wahrscheinlich **nur sehr grob einschätzen** können - detaillierte Daten zum Marktpotenzial oder zur Umsatzerwartung werden Ihnen vermutlich zu diesem Zeitpunkt noch nicht vorliegen. Einfachste Überschlagsrechnungen oder Einschätzungen sind zunächst ausreichend. Sie können Punkte, die Sie nur sehr vage schätzen konnten, einfach markieren und später noch weiter eingrenzen. Im Abschnitt „Produkt- und Geschäftsideen vermarkten" erhalten Sie eine Anleitung zur detaillierten Ausarbeitung der Daten.

Mit der Beantwortung der u.g. Fragestellungen haben Sie übrigens bereits eine gute Grundlage, um später Ihre Idee zu konkretisieren und in einem weiteren Schritt einen Businessplan zu erstellen.

Die Bewertung einer Idee hat fast immer **Rückwirkungen auf die Idee selbst.** Sind Sie also nicht enttäuscht, wenn Sie beim Durchgehen der Checkliste feststellen, dass Sie Ihre Idee noch modifizieren müssen - das ist normal und letztlich der Sinn der Sache. Der Erfolg einer Idee am Markt hängt wesentlich davon ab, ob sie so ausgebaut ist, dass die Akzeptanz am Markt möglichst groß ist und dass Sie „durchhalten" bis die Gewinnzone erreicht ist. Die gute Idee alleine ist nicht ausreichend für den Erfolg!

Trotz aller Vorsicht: Weder die Checklisten und deren Bewertung können Ihnen 100%ige Sicherheit geben. Das Risiko eines Fehlschlages bleibt weiterhin bestehen. Mit Hilfe der Checklisten können Sie zumindest das Risiko minimieren und Fehler vermeiden oder Aspekte vergessen, die mit Sicherheit zum Misserfolg führen. **Laut Statistiken sind etwa 70% der gescheiterten Produkteinführungen auf mangelnde Vorbereitung - insbesondere im Bereich der Marktkenntnisse - zurückzuführen.** Wenn Sie die Listen durcharbeiten, bewerten und sich dann auch mit dem Abschnitt „Produkt- und Geschäftsideen vermarkten" beschäftigen, sollte zumindest dieser Grund für Sie nicht mehr relevant sein.

In der Spalte Beurteilung Ihrer Idee können Sie ein Kreuz bei den Merkmalen machen. Diese Bewertung liefert Ihnen dann die Punktzahl für den späteren Vergleich und die Bewertung der Idee in einem Scoringverfahren. Das Scoringverfahren wird weiter hinten gezeigt, im Anschluss an die Checklisten.

2.2.1 Checkliste „Marktkriterien"

Wir fangen an mit den Kriterien, die sich durch die bestehende Marktlage oder einen zukünftigen Markt ergeben. Diese Liste ist die wichtigste von allen; gleichzeitig aber auch die schwierigste. Die Einschätzung einer Marktentwicklung ist keine leichte Aufgabe - um dies zu bewältigen sollten Sie unbedingt damit anfangen, einschlägige Literatur (Zeitungen, Trendreports, Geschäftsklimaindex, etc.) zu lesen.

Sie können Sich bei Verbänden, Banken oder den zuständigen Kammern informieren, welche **Infomationsmaterialien** für Ihre Branche zur Verfügung stehen. Die Volksbanken haben beispielsweise Dokumente mit umfangreichen Marktinformationen; die Kammern haben ebenfalls solche Informationen. Eine gute Quelle ist auch das statistische Bundes- oder Landesamt. Viele der Daten sind auch im Internet verfügbar. Zu den gängigen Zeitungen, die regelmäßig Berichte über marktliche Entwicklungen veröffentlichen, gehört unter anderem das Handelsblatt. Achten Sie unbedingt darauf, dass es sich um eine seriöse Quelle handelt.

Markt-kriterien	Erläuterungen	Beurteilung Ihrer Idee
Gibt es wenige Substitutionsgüter?	Sie sollten sich die Frage stellen, mit welchen Gütern Ihr Produkt möglicherweise durch potenzielle Kunden ersetzt werden kann (siehe Abschnitt „Grundbegriffe") - **je weniger Ersatzmöglichkeiten bestehen, desto besser**. Wenn Sie die Güter, die als Substitutionsgüter in Frage kommen definiert haben, haben Sie damit einen grossen Schritt getan: Sie haben den Markt, auf dem Sie sich bewegen, definiert!	gut O O O O O schlecht
Marktpotenzial	Das Marktpotenzial ist durch die Anzahl der möglichen Verkaufszahlen definiert. Wollen Sie beispielsweise Reisen in einem regional angesiedelten Reisebüro verkaufen, so müssen Sie die Frage beantworten, wie viele Menschen in der Umgebung wie viele Reisen unternehmen. Es scheint einfach: ein großes Marktpotenzial birgt **große Umsatzchancen**; allerdings lockt ein großes Marktpotenzial auch potenzielle Konkurrenten!	gut O O O O O schlecht
Marktdurchdringung	Wenn Sie eine Schätzung für das Marktpotenzial haben, können Sie sich an die Schätzung der Marktdurchdringung machen. Hätten Sie geschätzt, dass etwa 50% der Menschen in dem Einzugsgebiet des vorher genannten Reisebüros mindestens eine Reise pro Jahr machen und davon 80% bereits ein Stammreisebüro haben oder andere Wege zur Buchung nutzen, dann verbleiben etwa 20% der Bevölkerungszahl, die Sie mit Ihrem Reisebüro erreichen können. Da Sie von diesen 20% vermutlich nicht jeden erreichen, verbleibt ein kleiner Prozentsatz, den Sie ansetzen können. **Ziel muss natürlich sein, eine möglichst hohe Durchdringung des definierten Marktes zu erreichen.**	gut O O O O O schlecht

Markt-kriterien	Erläuterungen	Beurteilung Ihrer Idee
Marktanteil	In bereits existierenden Märkten teilen sich meist mehrere bis viele Unternehmen den Markt auf; den jeweiligen Anteil, den ein Unternehmen dabei bedient, nennt man Marktanteil. Vorteilhafterweise sollte die **Steigerung des Marktanteils** ein Unternehmensziel sein. Wenn Sie eine innovative und neuartige oder besonders einzigartige Idee haben, können Sie bei zielgruppengerichteter Promotion mit einem hohen Marktanteil rechnen. Der Marktanteil ist von großer Bedeutung für die weitere Entwicklung - wer einen sehr kleinen Marktanteil hat, bekommt Schwierigkeiten, diesen auszubauen. Wer einen großen Marktanteil hat, kann diesen leichter ausweiten.	gut O O O O O schlecht
Markt-entwicklung	Denken Sie darüber nach, wie sich der Markt, auf dem Sie agieren möchten, vermutlich entwickeln wird. Für diese Einschätzung stehen viele Quellen zur Verfügung. Sie können einschlägige Zeitungen lesen - so finden Sie beispielsweise im Handelsblatt täglich Berichte über Marktentwicklungen. Zahlreich verfügbar sind im Internet und in Bibliotheken auch Trend- und Marktreports. **Wachstumsmärkte sind dabei äusserst vorteilhaft!**	gut O O O O O schlecht
Lebensdauer des Produktes	Ist Ihr Produkt von kurzer Lebensdauer, so muss es evtl. schnell durch den Kunden ersetzt werden. Das steigert Ihren Umsatz, kann sich je nach Produkt aber negativ auf die Kundenzufriedenheit auswirken.	gut O O O O O schlecht
Welche Märkte kommen in Frage (regional, national, international?)	**Je mehr Märkte in Frage kommen, desto besser.** Handelt es sich um regionale Märkte, lässt sich die Konkurrenzanalyse recht leicht betreiben und lokale Marktnischen können genutzt werden - möglicherweise gibt es eine Produkt- oder Geschäftsidee, die anderswo lokal realisiert wurde und die Sie einfach übernehmen können? Sehen Sie Möglichkeiten, Ihre Idee in andere Regionen oder Nationen zu übertragen?	gut O O O O O schlecht

Markt-kriterien	Erläuterungen	Beurteilung Ihrer Idee
Ist der Nutzen meiner Idee für den Kunden hoch?	Ihre Geschäfts- oder Produktidee muss für potenzielle Kunden einen Nutzen haben, d.h. die **Ziele, die der Kunde verfolgt, müssen möglichst gut erfüllt werden** (siehe Einführung/Begriffserklärungen am Anfang). Ist dies nicht der Fall, so sollten Sie Ihr Produkt nocheinmal überarbeiten und entsprechende Merkmale hinzufügen (z.B. unter Nutzung des morphologischen Kastens).	gut O O O O O schlecht
Welche Kunden kommen in Frage?	Sie sollten sich an dieser Stelle kurz Gedanken machen, welche Kunden für Ihre Produkt- oder Geschäftsidee in Frage kommen. Sind es Männer oder Frauen, wie alt sind die potenziellen Kunden, zu welchen Einkommensgruppen gehören Ihre potenziellen Kunden? Aufgrund dieser Frage können Sie grob beurteilen, ob die in Frage kommenden Kundengruppen auch eine entsprechende **Zahlungsbereitschaft** mitbringen. Sie können die Frage nach den Kundengruppen auch an den Zielen, die mit Ihrem Produkt erfüllt werden, festmachen - wer verfolgt wohl diese Ziele? Sie können hierbei die im Abschnitt „Grundbegriffe" gezeigte Übung zu Hilfe nehmen.	gut O O O O O schlecht
Gibt es wenig Konkurrenten am Markt?	Eine ganz einfache Regel: **Je weniger Konkurrenz desto besser!** Generell gilt: Je neuartiger, einzigartiger und innovativer eine Produkt- oder Geschäftsidee ist, umso geringer ist die Konkurrenz. Aber sind Sie vorsichtig: Wenn eine Geschäftsidee lohnenswert ist, wird es früher oder später mit hoher Wahrscheinlichkeit Nachahmer geben - wenn die Idee nicht durch ein Patent geschützt werden kann oder eine sehr kleine Marktnische bedient, müssen Sie sich mit der Vermarktung beeilen, um den nachkommenden Konkurrenten die berühmte „Nasenlänge voraus" zu sein!	gut O O O O O schlecht

Markt-kriterien	Erläuterungen	Beurteilung Ihrer Idee
Gibt es wenige Konkurrenten mit dem gleichen Image am Markt?	Eine Geschäfts- oder Produktidee muss nicht schlecht sein, bloß weil sie am Markt schon existiert! Möglicherweise stellen Sie bei einer Marktanalyse fest, dass sich all Ihre Konkurrenten auf das gleiche Zielpublikum stürzen, während andere Zielgruppen gar nicht bedient werden. Damit entsteht eine große **Chance in den Lücken, die Konkurrenten nicht bearbeiten oder bedienen** - auch in existierenden Märkten!	gut O O O O O schlecht
Kann ich Kooperationen bilden?	Gibt es möglicherweise Organisationen, die einen Vorteil davon haben, Ihre Produkte mit anzubieten oder zu vermarkten? Gibt es Verbände, Vereine oder Netzwerke, bei denen Sie Hilfe finden können? Wenn es mögliche Organisationen gibt, mit denen Sie sich eine Kooperation vorstellen können - wie kommen Sie an diese Organisationen heran?	gut O O O O O schlecht
Ist die Idee schwer kopierbar?	**Je schwerer eine Idee zu kopieren ist, desto schwerer werden sich Konkurrenten mit dem Markteintritt tun** - nutzen Sie jede Gelegenheit um die Kopierbarkeit Ihrer Idee zu reduzieren! Fügen Sie beispielsweise Kriterien oder Bestandteile hinzu, die durch Ihr spezielles Wissen getragen werden - dieses Wissen müssen Andere erst erlangen, um Ihnen dann Konkurrenz machen zu können! Für einige Produktentwicklungen kommt auch der Schutz durch Patente und andere Rechte in Frage.	gut O O O O O schlecht
Bedienen Sie mit Ihrer Idee eine Marktnische?	Marktnischen sind eine praktische Angelegenheit! Besonders als kleines Unternehmen haben Sie selten die **Kapazitäten** zur Bedienung des Gesamtmarktes. Kleinere Segmente eines Marktes bieten sich also geradezu als Kundengruppen an. Weiterhin bergen Marktnischen einen weiteren Vorteil: Wenn Sie die anvisierte Kundengruppe erreichen, lohnt es sich für große Konkurrenten weniger, in dieser Nische aktiv zu werden, da vermutlich für Konkurrenten nur geringe Gewinnmöglichkeiten bestehen.	gut O O O O O schlecht

Markt-kriterien	Erläuterungen	Beurteilung Ihrer Idee
Gibt es praktikable Wege, auf denen Sie Ihre Produkt- oder Geschäftsidee vertreiben können?	Wie erreichen Sie Ihre Kunden? Für den Vertrieb einer Produkt- oder Geschäftsidee bieten sich viele Varianten an. So könnten Sie beispielsweise über Vertriebspartner arbeiten oder den direkten Weg zum Kunden wählen (z.B. Anzeigen, Flyer, Messen, Online-Werbung, Inserate, Pressearbeit, etc.). Überlegen Sie sich an dieser Stelle, **welche Möglichkeiten Sie sich für Ihre Idee vorstellen können und ob diese Möglichkeiten finanzierbar sind**. Die Kosten, um eine Produkt- oder Geschäftsidee auf den Markt zu bringen, sollten Sie nicht unterschätzen!	gut O O O O O schlecht

Sind Sie voran gekommen oder fehlen Ihnen noch Informationen? Unter Umständen müssen Sie sich noch weitergehend informieren, um die oben gezeigte Checkliste bearbeiten zu können. Nachfolgend sehen Sie ein Beispiel für nützliche Daten, die beim **statistischen Bundesamt** veröffentlicht werden.

Nehmen wir an, Sie wollten eine Pension eröffnen und fragen sich, ob sich dies wohl lohnt. Sie können anhand der unten stehenden Tabelle erkennen, dass es sich besonders in den Regionen Bayern und Berlin rentieren würde und dass es in Bayern einen Rückgang der Übernachtungen gab; wohin gegen Berlin eine relativ stabile bis leicht steigende Entwicklung verzeichnet. Diese und viele andere nützliche Daten können Online unter **http://www.destatis.de/** abgerufen werden.

Übernachtungen in Beherbergungsstätten nach Bundesländern				
Bundesländer	**Einheit**	**2001**	**2002**	**2003**
- Baden-Württemberg	Mill.	39,29	38,19	37,07
- Bayern	**Mill.**	**74,51**	**70,76**	**69,33**
- Berlin	**Mill.**	**11,35**	**11,02**	**11,33**
- Brandenburg	Mill.	8,83	8,50	8,45
- Bremen	Mill.	1,29	1,26	1,28
- Hamburg	Mill.	4,77	5,08	5,41
- Hessen	Mill.	25,63	24,62	23,82
- Mecklenburg-Vorpommern	Mill.	19,76	21,01	22,14
- Niedersachsen	Mill.	33,88	32,97	32,31
- Nordrhein-Westfalen	Mill.	36,99	36,34	35,50
- Rheinland-Pfalz	Mill.	18,42	17,99	17,94
....				

2.2.2 Checkliste „Unternehmenskriterien“

Unter-nehmens-kriterien	Erläuterungen	Beurteilung Ihrer Idee
Passt die Idee zur Zielsetzung des Unternehmens?	Wenn Sie sich bereits Gedanken gemacht haben, welche Gesamtzielsetzung Ihr Unternehmen hat oder haben soll, sollten Sie bei einer Produktidee darauf achten, dass die **Idee zur Gesamtzielsetzung passt**.	gut O O O O O schlecht
Fällt die Idee in den Bereich der Kernkompetenzen des Unternehmens?	Wenn Sie bereits Kernkompetenzen definiert haben, sollte die Idee in diesen Bereich fallen. Zu viele verschiedene Geschäftszweige **komplizieren** die unternehmerische Tätigkeit und lasten Ihnen **erheblichen Organisationsaufwand** auf!	gut O O O O O schlecht
Passt die Idee zur Corporate Identity?	Sofern es bereits eine Corporate Identity gibt, muss die Idee dazu passen.	gut O O O O O schlecht
Welche Auswirkungen ergeben sich für das Image des Unternehmens?	Das Bild des Unternehmens, das in den Köpfen der Menschen aufgebaut wird, spielt eine große Rolle für die Entscheidung potenzieller Kunden für oder gegen Sie. Achten Sie auf ein **positives Image**!	gut O O O O O schlecht
Passt die Idee in das Verkaufsprogramm?	Gibt es bereits ein Verkaufsprogramm, so sollte sich die Idee idealerweise innerhalb dieses Verkaufsprogramms unterbringen lassen. Es ist zeit- und kostenaufwendig **neue Vertriebswege aufbauen** zu müssen. Wenn die Idee aussichtsreich genug ist, lohnt es sich möglicherweise aber trotzdem, neue Vertriebswege zu erschliessen.	gut O O O O O schlecht

Unter-nehmens-kriterien	Erläuterungen	Beurteilung Ihrer Idee
Passt die Idee in das Produktions- und Beschaffungsprogramm?	Wenn die Waren herstellen oder beschaffen müssen, so bietet es sich an, **vorhandene Quellen zu nutzen** und darauf zu achten, dass sie die Idee mit vohandenen Mitteln (Geräte, etc.) umsetzen können. Wenn die Idee gute Aussichten birgt, lohnt es sich vielleicht trotzdem, für diese neue Quellen zu nutzen und Mittel anzuschaffen.	gut O O O O O schlecht
Ist die Umsatzerwartung gut?	Die Umsatzerwartung hängt ab von Verkaufsmenge und Verkaufspreis. Die Verkaufsmenge kann durch das Abschätzen des Marktvolumens und der Marktdurchdringung geschätzt werden. Der Verkaufspreis hängt von der **Zahlungsbereitschaft der potenziellen Kunden** ab - diese kann durch Beobachtung von Konkurrenten (welche Preise werden dort angesetzt?) oder durch Kundenbefragung eingegrenzt werden.	gut O O O O O schlecht
Ist die Gewinnerwartung gut?	Umsatz abzüglich Gesamtkosten ergibt den Gewinn. **Übersteigen die Umsatzerwartungen die Gesamtkosten** und reicht die Zahl aus, um das Unternehmen und Ihre private Lebensführung zu finanzieren?	gut O O O O O schlecht
Wann kann die Break-Even-Menge erreicht werden?	Die Break-Even-Menge ist die Menge, ab der sich Ihre Produkt- oder Geschäftsidee in die Gewinnzone bewegt; d.h. die im Vorfeld entstandenen Kosten gedeckt sind. Je **früher** dieser Punkt erreicht ist, umso besser ist das für Ihre unternehmerische Tätigkeit.	gut O O O O O schlecht
Reichen die Ressourcen für die Verwirklichung der Idee aus?	Haben Sie genügend Mitarbeiter oder können Sie die Idee alleine umsetzen? Brauchen Sie Arbeitsmittel (Auto, Maschinen, PCs) etc.? Oder können Sie die Idee mit den vorhandenen Mitteln umsetzen?	gut O O O O O schlecht

Unternehmenskriterien	Erläuterungen	Beurteilung Ihrer Idee
Welche eigenen Produkte werden substituiert (Kannibalismus)?	Substitution ist der Ersatz eines Produktes durch ein anderes. Sie sollten darauf achten, dass Sie keine Produktideen umsetzen, die dazu führen, dass Kunden andere eigene Produke nicht mehr kaufen. Möglicherweise kann ein zusätzliches, ähnliches Produkt jedoch auch geschickt sein, um den Kundenkreis zu erweitern. Dies ist dann möglich, wenn Sie mit Ihrem zusätzlichen Produkt eine andere Zielkundengruppe ansprechen – ähnliche Produkte sind also nicht zwangsläufig Substitutionsgüter.	gut O O O O O schlecht
In welche Grössenordnung sind Investitionen erforderlich und können die Investitionen finanziert werden?	Schätzen Sie grob ein, welche Investitionen für die Umsetzung der Idee notwendig sind. Die Finanzierung notwendiger Investitionen ist essentiell. Ohne die erforderlichen Mittel können viele Ideen nicht umgesetzt werden. Stellen Sie fest, dass Sie Ihre Idee wegen mangelnden Finanzierungsmöglichkeiten nicht umsetzen können, so suchen Sie nach einer anderen Idee und behalten Sie die ursprüngliche Idee im Auge. Vielleicht kann sie zu einem späteren Zeitpunkt realisiert werden.	gut O O O O O schlecht
Ist das notwendige Know-how für die Umsetzung der Idee vorhanden?	Wenn das Know-how bereits vorhanden ist, so macht es die Umsetzung einfacher. Haben Sie das notwendige Know-how für eine aussichtsreiche Idee jedoch nicht, so versuchen Sie, Partner für Ihr Unternehmen zu finden, die die Kompetenzlücke auffüllen können. Eine weitere Checkliste für die intensive Prüfung des Know-hows finden Sie weiter hinten.	gut O O O O O schlecht
Kann ich mich mit der Idee identifizieren? Passt die Idee zu mir und zu meinem sozialen Umfeld?	Wichtig für die unternehmerische Tätigkeit ist auch, ob man sich mit der Tätigkeit und den Produkten identifizieren kann. Sie sollten prüfen, ob Sie mit der Tätigkeit, mit den Produkten und mit den Kunden, die Sie damit ansprechen, leben können - auch langfristig muss dies der Fall sein.	gut O O O O O schlecht

Sie haben nun ausreichend die Unternehmenskritierien geprüft! Überlegen Sie, bevor Sie weiter zur nächsten Checkliste gehen, ob es Kriterien für das Unternehmen gibt, die speziell für Ihre geplante Tätigkeit/Idee gelten. Lassen Sie sich dafür ausreichend Zeit. Fügen Sie diese Kriterien der Liste gleich hinzu, um die Punkte, die Sie noch als relevant ermittelt haben, nicht zu vergessen!

2.2.3 Checkliste „Weitere Kriterien“

Es gibt noch eine Vielzahl anderer Kriterien, die Sie prüfen können. Hier ist eine Auflistung der Punkte, die für den Check einer Produkt- und/oder Geschäftsidee in Frage kommen. Möglicherweise müssen Sie hier noch weitere Zeilen einfügen, wenn es Kriterien gibt, die für Ihren Geschäftsbereich von großer Bedeutung sind.

Weitere Kriterien	**Erläuterungen**	**Beurteilung Ihrer Idee**
Gibt es rechtliche Restriktionen?	Möglicherweise gibt es Restriktionen - so sind bestimmte Produkte (beispielsweise das Orten von Radarfallen) in vielen Ländern nicht erlaubt. Möglicherweise verstoßen Sie mit einer Produktentwicklung auch gegen geschützte Entwicklungen. Prüfen Sie also, ob es möglicherweise bereits Patente gibt.	gut O O O O O schlecht
Kann es ökologische Probleme geben?	Manche Produkte verursachen ökologischen Schaden - evtl. sind auch hier rechtliche Restriktionen zu beachten.	gut O O O O O schlecht
Haben Sie alternative Produktideen, die sich leicht realisieren lassen, falls die ursprüngliche Idee nicht den gewünschten Erfolg bringt?	Es ist ratsam, sich schon im Vorfeld mit Alternativen zu beschäftigen. Je mehr Möglichkeiten Sie haben, umso mehr können Sie sich vom Erfolgsdruck mit dieser einen Idee befreien. Besonders sinnvoll ist es auch, mit mehreren Produktideen gleichzeitig die Selbständigkeit zu starten. Damit verringern Sie das Risiko und können in Ruhe abwarten, welche der Ideen am Markt am besten angenommen wird und für Sie am rentabelsten ist.	gut O O O O O schlecht

Weitere Kriterien	Erläuterungen	Beurteilung Ihrer Idee
Produktlebens-zyklus	Mit welchem Verlauf des Produktlebenszyklus rechnen Sie? Wird der Zyklus lang gestreckt oder eher kurz sein? Können Sie die Anlaufphase mit geringem Umsatzwachstum überleben oder haben Sie Strategien, um diese Phase mit anderen Produkten oder Einkommensquellen zu überbrücken?	gut O O O O O schlecht
Können Sie eventuelle Standorterfordernisse erfüllen?	Für manche Produkt- oder Geschäftsideen ergeben sich Standorterfordernisse. Überlegen Sie, ob es bestimmte Kriterien für den Standort gibt (z.B. zentrale Lage, Größe der Räume, etc.) und ob Sie diese Kriterien erfüllen können und welche Kosten durch die Erfüllung der Kriterien entstehen.	gut O O O O O schlecht
Fallen möglichst geringe Fixkosten an?	Je geringer Ihre Fixkosten am Anfang sind, umso schneller kommen Sie in die Gewinnzone. Versuchen Sie am Anfang unbedingt, fixe Kosten durch Miete oder Leasing zu flexibilisieren. Auf lange Sicht ist es dann vorteilhaft nach Erreichen der Gewinnzone die Fixkosten in Kauf zu nehmen und beispielsweise Anlagegüter wie Computer, Maschinen, Werkzeuge, etc. zu kaufen.	gut O O O O O schlecht

2.2.4 Checkliste „Know-how-Kriterien“

Abschließend soll hier eine Auflistung der notwendigen Kenntnisse für eine Gründung erfolgen. Sie können anhand dieser Checkliste prüfen, welche Kenntnisse Sie schon haben und welche auf- oder ausgebaut werden müssen. Halten Sie sich vor Augen, dass mangelnde Vorbereitung und mangelnde Marktkenntnisse DIE Faktoren beim Scheitern von Produkteinführungen sind.

Sie können anhand der gezeigten Tabelle einen Abgleich Ihrer vorhandenen Kenntnisse mit den erforderlichen Kenntnissen vornehmen. ***Fett/Kursiv markiert ist jeweils der mindestens erforderliche Stand Ihrer Kenntnisse.*** Schätzen Sie Ihren Stand ein; aus den Abweichungen (schlechter als der markierte Kenntnisstand) ergeben sich Hinweise für Ihr individuelles Lernprogramm. In der Spalte „zu Lernen“ können Sie dann ankreuzen, ob Sie ein Thema von Grund auf erschließen müssen oder ausbauen sollten. Damit haben Sie eine strukturierte Grundlage, um ein Seminarprogramm für sich zusammenzustellen bzw. zu prüfen, ob Ihr Anbieter die angekreuzten Punkte im Programm hat.

Know-how Kriterien	Erläuterungen	Kenntnisstand	Zu Lernen
Wege zum eigenen Unternehmen	Neugründung, Firmenübernahme, Franchising, Beteiligung und andere Konzepte	O ***Umfassend*** O Grundlagen O Keine Kenntnisse	O Muss neu gelernt werden O Muss ausgebaut werden
Schritte auf dem Weg in die Selbständigkeit	Welche Schritte sind notwendig, um sich selbständig zu machen?	O ***Umfassend*** O Grundlagen O Keine Kenntnisse	O Muss neu gelernt werden O Muss ausgebaut werden
Rechtliche Voraussetzungen	Berufs- und Gewerberecht, Anmeldung eines Gewerbes, freiberufliche Tätigkeit, etc.	O Umfassend O ***Grundlagen*** O Keine Kenntnisse	O Muss neu gelernt werden O Muss ausgebaut werden
Organisationen kennen	Funktion von Kammern, Verbänden, Genossenschaften kennen	O Umfassend O ***Grundlagen*** O Keine Kenntnisse	O Muss neu gelernt werden O Muss ausgebaut werden
Rechtsform	Wissen über Rechtsformen und deren rechtliche, steuerrechtliche und andere Konsequenzen, Scheinselbständigkeit verstehen	O Umfassend O ***Grundlagen*** O Keine Kenntnisse	O Muss neu gelernt werden O Muss ausgebaut werden
Businessplan	Funktion des Businessplans (für welchen Zweck wird der Businessplan erstellt?), Struktur eines Businessplans, Bedeutung des Businessplans, weitere Nutzung der Daten aus dem Businessplan, Businessplanwettbewerbe	O ***Umfassend*** O Grundlagen O Keine Kenntnisse	O Muss neu gelernt werden O Muss ausgebaut werden
Marketing	Marktanalyse (Kunden- und Konkurrenzanalyse), Marketingstrategie, evtl.: Wettbewerbsrecht	O ***Umfassend*** O Grundlagen O Keine Kenntnisse	O Muss neu gelernt werden O Muss ausgebaut werden
Finanzierung	Finanzierungsmöglichkeiten (Eigen- und Fremdfinanzierung), Ermittlung des Finanzbedarfs (Investitions-, Rentabilitäts- und Liquditätsplanung), Fördermittel	O Umfassend O ***Grundlagen*** O Keine Kenntnisse	O Muss neu gelernt werden O Muss ausgebaut werden
Controlling / Kostenrechnung	Fixkosten, variable Kosten, Gesamtkalkulation, Erfolgsrechnung, Soll-Ist-Vergleiche	O ***Umfassend*** O Grundlagen O Keine Kenntnisse	O Muss neu gelernt werden O Muss ausgebaut werden

Know-how Kriterien	Erläuterungen	Kenntnisstand	Zu Lernen
Buchführung/ Steuern	Grundzüge der Buchführungs- und Aufbewahrungspflichten für die verschiedenen Rechtsformen, evtl. Vertiefung notwendig, Grundzüge der wichtigsten Steuern: Einkommensteuer, Umsatzsteuer, Gewerbesteuer	O Umfassend O ***Grundlagen*** O Keine Kenntnisse	O Muss neu gelernt werden O Muss ausgebaut werden
Recht	Grundlagen des Vertragsrechts, Musterverträge und woher sie zu bekommen sind, Rechte und Pflichten von Arbeitgebern (Sozialabgaben, Haftungen) und Arbeitnehmern, Grundlagen des Arbeitsrechts, Forderungsmanagement, evtl. Handwerksrecht	O Umfassend O ***Grundlagen*** O Keine Kenntnisse	O Muss neu gelernt werden O Muss ausgebaut werden
Absicherung	Betriebliche Versicherungen, Persönliche Versicherungen (z.B. Sozialversicherung)	O Umfassend O ***Grundlagen*** O Keine Kenntnisse	O Muss neu gelernt werden O Muss ausgebaut werden

Die genannten Kenntnisse können Sie in zahlreichen Gründerseminaren erlernen - einige Grundkenntnisse aus Bereich Volks- und Betriebswirtschaftslehre haben Sie bereits in dieser Unterlage kennen gelernt. Die Seminare sind oft kostenlos oder sehr günstig. Zur Vertiefung der jeweiligen Kenntnisse stehen ausreichend Literatur und andere Möglichkeiten zur Verfügung. Wenn Sie feststellen, dass Sie die betriebswirtschaftlichen Kenntnisse gar nicht haben und auch nicht lernen möchten, behalten Sie die Möglichkeit im Auge, sich Geschäfts- bzw. Unternehmenspartner mit den entsprechenden Kenntnissen zu suchen.

Empfehlenswert für die Region Berlin/Brandenburg ist eine Sonderausgabe der Zeitung Finanztest (von Stiftung Warentest) mit dem Titel „Existenzgründung". In diesem Rahmen wurden eine Reihe von Anbietern getestet und bewertet - damit haben Sie eine Orientierunghilfe für die dortigen Anbieter. Sollten Sie aus einer anderen Region kommen, ist diese Unterlage auch empfehlenswert; es gibt Aufschluss über die Kriterien, nach denen Sie Anbieter prüfen sollten. Neben dem genannten Test finden sich auch andere nützliche Informationen, z.B. über Fördermittel oder Standortbetrachtungen. Das Sonderheft kann unter www.finanztest.de bestellt werden.

3. Auswahl der marktfähigen Idee(n)

Zur Auswahl und übersichtlichen Bewertung der wichtigsten Punkte bietet sich ein so genanntes Scoringverfahren an. Das Verfahren erlaubt die Gewichtung der Kriterien und eine **Bewertung qualitativer und quantitativer Merkmale**.

Ich stelle zunächst eine Gewichtungstabelle mit einem Beispiel für die Gewichtung und Vergabe von Punkten vor. Die Kriterien sind hier **nur beispielhaft** für das Verständnis aufgelistet! Eine Tabelle mit den relevanten Kriterien folgt im Anschluss.

In dem gezeigten Beispiel müssten Sie sich für Idee 1 entscheiden, da diese Idee eine höhere Gesamtpunktzahl (390 Punkte) liefert.

	Idee 1			**Idee 2**		
Kriterium	Gewichtung	Bewertung	Ergebnis	Gewichung	Bewertung	Ergebnis
Passt die Idee zum Unternehmen?	15	5	5*15= 75	15	3	45
Fällt die Idee in den Bereich der Kern-kompetenzen des Unternehmens?	15	5	5*15 = 75	15	3	45
Sind die Aussichten auf Gewinnerzie-lung gut?	40	3	40*3 = 120	40	4	160
Reichen die Ressourcen für die Verwirklichung der Idee aus?	30	4	30*4= 120	30	3	90
Ist die Idee für Aus-landsmärkte ge-eignet?	0	1	0*1 = 0	0	1	0
Gesamtpunktzahl	**100**	**17**	**390**	**100**	**14**	**340**

Gewichtung: In der Spalte Gewichtung werden 100 Punkte verteilt. Die Punktzahl soll die Bedeutung des Kriteriums im Verhältnis zu anderen Kriterien ausdrücken.

Bewertung: In der Spalte Bewertung werden pro Kriterium Punkte vergeben, und zwar von 1 bis 5 Punkte. Die Punkte repräsentieren die Erfüllung des Kriteriums; 1 steht für die Nichterfüllung des Kriteriums, 5 steht für die 100%ige Erfüllung des Kriteriums.

Ergebnis: In der Ergebnisspalte wird die Zahl aus den Spalten Gewichung und Bewertung multipliziert.

Im Folgenden sind die **wichtigsten Kriterien** aufgelistet und die entsprechende Gewichtung bereits vorgegeben. Hier können Sie die Bewertung Ihrer Idee(n) eintragen und die Idee(n) auf Marktfähigkeit prüfen! Unter Umständen müssen Sie die Tabelle anpassen - es könnte sein, dass es Kriterien gibt, die für Ihre Idee von besonderer Wichtigkeit sind, die hier nicht aufgelistet sind. Die Kriterien gelten allgemein der Marktfähigkeit und da marktliche Kriterien bestimmten Gesetzmässigkeiten folgen, gelten die eingetragenen Kriterien für jede Idee, die Sie auf den freien Markt verkaufen wollen.

	Idee 1			Idee 2			Idee 3		
Kriterium	*Gewichtung*	*Bewertung*	*Ergebnis*	*Gewichtung*	*Bewertung*	*Ergebnis*	*Gewichtung*	*Bewertung*	*Ergebnis*
Marktpotenzial	9			9			9		
Kosten pro Stück geringer als Zahlungsbereitschaft der potenziellen Kunden	11			11			11		
Zeitpunkt des Erreichens der Break-Even-Menge	3			3			3		
Ausreichende Ressourcen für die Realisierung; Finanzierung der Investitionen möglich?	10			10			10		
Wenige Konkurrenten	7			7			7		
Wenige Substitutionsgüter	7			7			7		
Marktnische	7			7			7		
Schwere Nachahmbarkeit der Idee	7			7			7		
Praktikable Vertriebswege	10			10			10		
Know-how für die Umsetzung	4			4			4		
Rechtliche Machbarkeit	5			5			5		
Hoher Kundennutzen	10			10			10		
Marktaustrittsbarrieren	10			10			10		
....									
....									
....									
Gesamtpunktzahl	**100**			**100**			**100**		

Für den Fall, dass Sie noch weitere Kriterien eintragen wollen: Achten Sie darauf, dass Sie sich auf die wichtigsten beschränken! Die Checklisten in den vorangegangenen Kapiteln geben Ihnen einen Eindruck davon, wie umfangreich das Thema insgesamt ist. Lassen Sie Punkte, von denen Sie denken, dass sich dafür eine Lösung finden wird, aus der Checkliste heraus - die Gefahr, sich zu verzetteln, ist bei zu umfangreichen Scoringlisten zu hoch und das gewünschte Ergebnis „Bewertung und Vergleich der Machbarkeit und Marktfähigkeit von Idee(n)“ wird verzerrt. ***Bei Ihrer Bewertung in den***

fett/kursiv markierte Zeilen darf auf keinen Fall „nur ein oder zwei Punkte" vergeben sein. Wenn dies der Fall ist, müssen Sie Ihre Idee aufgeben oder modifizieren!

Wenn sich nun herausstellt, dass die Idee nicht den Anforderungen aus der Checkliste und der Bewertungstabelle genügt? Überlegen Sie zunächst, ob es möglich ist, die Idee zu modifizieren und einzelne Elemente anzupassen, um die Marktfähigkeit zu verbessern. Denken Sie über Lösungen für bestehende Probleme nach und verwenden Sie dafür auch die vorher gezeigten Techniken.

Informieren Sie sich gut über die Möglichkeiten und Auswege aus den Kriterien, die die Umsetzung unmöglich erscheinen lassen - mangelndes Kapital muss beispielsweise kein Kriterium sein, dass sich nicht lösen lässt. Es gibt die verschiedensten Finanzierungsmöglichkeiten und viele Möglichkeiten, mit denen man Kosten reduzieren kann. Sprechen Sie mit anderen Menschen darüber. Hierfür bieten sich zahlreiche Netzwerke an. Dort finden Sie Personen, die auch gerade ein Unternehmen gründen oder die schon länger in der Selbständigkeit sind - vielleicht hat dort jemand eine Idee, wie Sie die Probleme lösen können?

Eventuell wird es auch notwendig, eine neue Idee zu generieren. Das ist unter Umständen enttäuschend; lassen Sie sich Zeit, um damit zu beginnen. Wenn Sie feststellen, dass eine Idee nicht umgesetzt werden kann, brauchen Sie wahrscheinlich eine Weile, um wieder frisch ans Werk gehen zu können.

Belohnen Sie sich, wenn Sie diese umfangreichen Checklisten geschafft haben!

3. Ideen vermarkten

3.1 Marktanalyse

Nachdem Sie nun eine oder mehrere Ideen haben und anhand der Bewertung festgestellt haben, dass es sich lohnen könnte, die eine oder andere Idee umzusetzen, folgt die nächste Frage auf dem Fuß: „Wie bringe ich meine Produkte an den Mann oder die Frau?“ Das folgende Kapitel will Ihnen dabei helfen, diese Frage für Ihre Idee beantworten zu können und Strategien für die Vermarktung zu entwickeln.

Wenn Sie Produkte erfolgreich an Kunden verkaufen wollen, ist es zwingend erforderlich die richtigen Kunden zu erreichen. Wer sind nun die „richtigen“ Kunden? Allgemein nennt man die Kunden, die Sie ansprechen möchten „Zielgruppe“. Die Zielgruppe(n) sollte nach Möglichkeit die folgenden Kriterien erfüllen:

- Die Zielgruppe muss eine Zahlungsbereitschaft für Ihr Produkt aufweisen.
- Die Zielgruppe muss aus ausreichend vielen Menschen bestehen, um so viel Umsatz generieren zu können, dass Sie davon leben können.
- Die Zielgruppe sollte von möglichst wenigen Konkurrenten angesprochen werden. Mit anderen Worten: Die Zielgruppe sollten Sie sich mit möglichst wenigen Konkurrenten teilen müssen.

Auf welche Zielgruppen diese Kriterien zutreffen, können Sie aus dem Abgleich der Kunden- und Konkurrenzanalyse herausfinden. Aus diesem Ableich ergibt sich dann auch die Marktstrategie.

Neben der Zielgruppendefinition liefert die Kundenanalyse weiterhin wichtige Informationen, die Sie benötigen, um Ihre potentiellen Kunden ansprechen zu können: Welche Medien nutzen diese Kunden? Welchen Freizeitbeschäftigungen gehen Ihre Kunden nach? Von welchen Meinungen/Einstellungen/Problemen wird die Zielgruppe getragen? Diese Informationen sind sehr bedeutsam: Die beste Produktidee nützt wenig, wenn Sie die potenziellen Kunden nicht erreichen können!

Grundsätzlich werden in der Marktforschung **Primär- und Sekundärforschung** unterschieden. Die Primärforschung meint die Erhebung von Daten für eine spezielle Aufgabe, also für Ihre Geschäfts- oder Produktidee. Dazu müssen Kundenbefragungen, Kundenbeobachtungen etc. durchgeführt werden. Die Primärforschung ist also recht zeitaufwendig. Aus diesem Grund sollten Sie zunächst versuchen, auf bereits vorhandenes Material zuzugreifen - dann spricht man von Sekundärforschung. Die Anwendung der Primärforschung als ergänzendes Instrument ist damit nicht ausgeschlossen. Sie kann weitere und/oder vertiefende Ergebnisse liefern. Die Primärforschung mittels Befragung, Fragebogen, Beobachtung etc. kann auch als Überprüfung der aus der Sekundärforschung gewonnen Informationen dienen.

Sollten Sie eine Produktidee haben, die sich an Unternehmenskunden richtet - also **Investitionsgüter** - so können Sie die nachfolgenden Schritte auch anwenden. Letztlich sind die Unternehmen, die eventuell Kunden werden können, auch durch deren Mitarbeiter und/oder Eigentümer getragen. Im wesentlichen gilt es, zwei Rollen zu unterscheiden: **Entscheider und Entscheidungsberater**. Entscheider geben oft einen großen Teil der Verantwortung ab und lassen Entscheidungen vorbereiten; meist sind hier Fachspezialisten am Werk. Diese filtern die Information – meist mit hochspezialisierten Fachkenntnissen - bevor Sie überhaupt beim Entscheider ankommt. Sie sollten dementsprechend Daten über Entscheider und die Berater dieser Entscheider haben.

3.2 Kundenanalyse

Die Kundenanalyse ist der erste Schritt auf dem Weg zu einem erfolgreichen Vermarktungskonzept. „Kundenorientierung“ bedeutet in diesem Zusammenhang, dass sich Ihre Produkte an den Bedürfnissen der Kunden ausrichten müssen - insofern kann diese Analyse als Richtschnur für die Festlegung des **Geschäftskonzeptes** verstanden werden. **Alle anderen Entscheidungen, die das Unternehmen betreffen, müssen sich an diesen Festlegungen ausrichten!** Fangen Sie also erst an, über Standorte, Rechtsform, etc. nachzudenken, wenn die Frage der Kundschaft und Konkurrenz geklärt ist - es ist die wichtigste aller Fragen!

Viele Gründer und Unternehmer kennen ihre potentiellen Kunden nicht gut genug! Eine vage, schemenhafte Vorstellung, die auf reinen Vermutungen basiert, reicht in keinem Fall aus, um ein geeignetes - d.h. ein erfolgreiches - Marketingkonzept für eine Produktentwicklung zu erarbeiten!

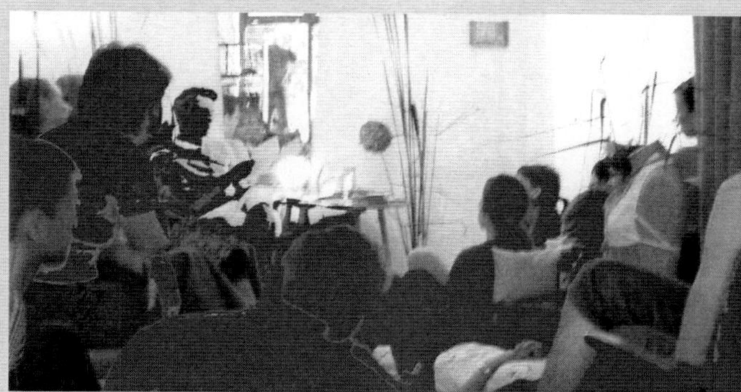

Die Kundenanalyse beschäftigt sich mit demografischen und psychografischen Daten, die potenzielle Zielgruppen aufweisen. Die professionelle Analyse ist meist sehr kostspielig - die Beauftragung von Marktforschungsinstitutionen etc. ist für Gründer und kleine Unternehmen de facto finanziell nicht zu tragen. Im Folgenden ist deshalb der Schwerpunkt auf solche Informationsquellen gelegt, die kostengünstig oder sogar kostenlos sind.

Typische demografische Daten sind:

Berufsstand	Welche **Beruf** üben potenzielle Kunden aus? Sind sie technisch, wirtschaftlich oder vielleicht gestalterisch tätig? Sind die Kunden **Entscheider** im Unternehmen oder Selbständig oder arbeiten Sie ohne jede Entscheidungsgewalt? Solche Kriterien sind wichtig, um nachvollziehen zu können, was in den Menschen vorgeht (vgl. Abschnitt „Denkmuster“) und welche Kriterien sie zum Handeln bewegen.

Alter	Das Alter der Personengruppe(n) spielt eine grosse Rolle bei der Definition einer Zielgruppe. Es dürfte einfach nachvollziebar sein, dass die Vermarktung an eine jugendliche Zielgruppe ein anderes Konzept erfordert, als die Vermarktung an Personen mittleren Alters oder alte Menschen.
Bevölkerungs-zahl	Die Bevölkerungszahl ist ebenfalls eine bedeutende Größe: Sie gibt Aufschluss über die Menge der Personen, die als Käufer Ihrer Idee in Frage kommen. Damit können Sie in vielen Fällen das **Marktpotenzial** definieren!
Bildungsstand	Welche Ausbildung haben Ihre zukünftigen Kunden? Sind Sie hochgebildet oder haben sie eine mittlere und niedrige Bildung? Die Beantwortung dieser Frage ist deshalb von großer Bedeutung, da sie Aufschluss über das **Käuferverhalten in Sachen „Kennerschaft" und „Kritik"** gibt. Menschen mit höheren Bildungsabschlüssen haben eine starke Tendenz zu einem höheren Maß an Kennerschaft; solche Menschen sind schwerer zu überzeugen und es dauert länger, diese Kundengruppen für sich zu gewinnen.
Einkommens-gruppe(n)	Vorsicht mit Aussagen über das Einkommen - wenn möglich, sollten Sie sowohl das **persönliche Einkommen als auch die Einkommenslage des Haushaltes** herauszufinden. Aus dem Abgleich können Sie feststellen, ob die Person selbst Geld verdient oder ob es einen „Ernährer" gibt, dessen Einkommen maßgebend ist. Damit bekommen Sie wertvolle Hinweise auf die Lebensverhältnisse der Personengruppen. Wenn Sie beispielsweise ein hochpreisiges Produkt an Hausfrauen verkaufen möchten, der „Verdiener" in der Familie jedoch der Ehemann ist, dann müssen Sie davon ausgehen, dass „er" beim Kaufentscheid mitredet.

Typische psychografische und andere Daten sind:

Medien-nutzung	Die Nutzung der Medien vermittelt ein Bild darüber, **welche Medien Zielgruppen nutzen und welche Medien Sie dementsprechend für Werbung und Kommunikation nutzen sollten**. So nutzt Ihnen die beste Internetseite gar nichts, wenn die Zielkunden keine Internetnutzer sind. Sie hätten lediglich eine Menge Geld ausgegeben und nichts erreicht!
Freizeit-beschäfti-gungen	Auch Freizeitbeschäftigungen sind bedeutend für das **Kommunikationskonzept**. Möglicherweise gibt es Lieblingsbeschäftigungen und/oder dazu passende Lektüren, über die Sie Ihr Produkt platzieren können. Sie können diese Information auch nutzen, um geeignete Bilder für Ihr Kommunikationskonzept auszuwählen.

Einstellungen	„Einstellungen" sind **mittel- bis langfristig vorhaltende Faktoren**. Aussagen wie „Bildung ist wichtig für mich", „ich bin ein kreativer Mensch", „die Familie steht für mich an erster Stelle", etc. gehören zu den so genannten Einstellungen. Einstellungen sind von Bedeutung, um ein Kommunikationskonzept zu erarbeiten. Sie können die Aufmerksamkeit eines Menschen, der die Einstellung hat „meine Freiheit geht mir über alles" nicht mit kuscheligen Familienbildern gewinnen! Umgekehrt wäre für den Familientyp die Kernaussage „große Freiheit und Abenteuer" nicht von Interesse.

Zunächst zu einer anderen wichtigen Frage: Woher bekommen Sie Daten über Alter, Einkommen und andere psychografische oder demografische Daten? Es stehen umfangreiche Informationen zur Verfügung - um die richtigen „herauszufischen" bietet sich das Internet an. Deshalb stelle ich schwerpunktmässig hilfreiche Internetquellen vor.

Sie können bei den zuständigen Stellen auch eine Anfrage stellen und man wird Ihnen Informationsmaterial zukommen lassen - allerdings: Dieser Service kostet Geld und es entgehen Ihnen unter Umständen wichtige Daten!

Organisation	**Daten**
Statistisches Bundesamt	Bevölkerungszahlen, volkswirtschaftliche Daten, u.v.m - die meisten Daten beziehen sich auf die gesamte BRD mit Einteilungen in Bundesländer. Weiterhin sind Daten über Wirtschaftszweige vorhanden - beispielsweise kann hier abgefragt werden, wie viele Unternehmen im Wirtschaftszweig „Unterricht und Erziehung" in einem bestimmten Bundesland angesiedelt sind und welches Einkommen (gesamt) dieser Wirtschaftszweig in den vergangenen Wirtschaftsjahren erwirtschaftet hat. Im Internet sind die Daten unter www.destatis.de verfügbar.
Statistische Landesämter	Bevölkerungszahlen, volkswirtschaftliche Daten, u.v.m - die Zahlen beziehen sich auf das jeweilige Bundesland mit Einteilungen in Regionen innerhalb der Bundesländer. Die Landesämter bieten sich also insbesondere für regionale Produkt- und Geschäftsideen an. Die statistischen Landesämter können Sie über eine Suchmaschine (z.B. Google) und die Eingabe „statistisches Landesamt" erreichen.
Kammern (z.B IHK) und Verbände / Vereine	Die Kammern bieten häufig spezifische Informationen über die Wirtschaftslage in bestimmten Branchen an. Es werden auch Befragungen über Erwartungen in bestimmten Wirtschaftszweigen durchgeführt. Sie sollten die Webseiten durchforsten oder bei der zuständigen Kammer anrufen. Die Industrie- und Handelskammer ist im Internet unter www.ihk.de erreichbar. Die Handwerkskammern können Sie z.B. mit Eingabe des Begriffs „Handwerkskammer Berlin" in einer Suchmaschine herausfinden. Auskunft über Berufsverbände erhalten Sie bei www.bund.de oder www.web.de (wie folgt bei web.de durchklicken: *Verzeichnis – Beruf und Karriere - Organisationen und Verbände – Berufsverbände*).

Organisation	Daten
Typologie der Wünsche Intermedia (TDWI)	Für interaktive, frei wählbare Zielgruppenauswertungen stehen Ihnen mit der TdW 04/05 "Menschen & Märkte" unverbindlich und kostenlos sämtliche Produkt- und Markeninformationen sowie einige psychografische Ansätze zur Verfügung. Alle Veröffentlichungen von Daten aus dieser Studie, ausgenommen zu rein wissenschaftlichen Zwecken, bedürfen der vorherigen Zustimmung des Herausgebers. Die Verwendung von Informationen ist nur unter Angabe der Quelle (TdWI GmbH (Hrsg.): Typologie der Wünsche 04/05, Offenburg, 2004) zulässig. Sie können sich unter www.tdwi.com kostenlos anmelden und dort Zielgruppenpotenzialdaten und Zielgruppenstrukturdaten abfragen. Im Internet sind die Daten unter www.tdwi.com verfügbar.

Das ganze soll an einem Beispiel demonstriert werden. Wir nehmen an, Sie wollen einen Laden/eine Apotheke für homöopathische Selbstmedikation eröffnen und finden dafür folgende Daten:

Zielgruppen-potenzial-analyse bei TDWI	Wegen der datenrechtlichen Bestimmungen muss an dieser Stelle mit Fantasiezahlen gearbeitet werden. Die Analyse bei TDWI könnte ergeben, dass ca. 38% der Bevölkerung der Aussage „ich bevorzuge homöopathische Arzneimittel" zustimmen. Da Sie einen Laden vermutlich lokal ansiedeln werden, müssten Sie nun noch ermitteln, wie viele Personen im Einzugsgebiet leben - davon kommen etwa 38% als potenzielle Kunden in Frage.
Ziegruppen-potenzial lokal eingrenzen beim statistischen Bundesamt und bei statistischen Landesämtern.	Die Tabellen beim statistischen Bundesamt besagen, dass in Berlin 3.388.000 Menschen leben. Wäre also Berlin als Gesamtes die potenzielle Kundschaft, so könnten Sie 3.388.000 * 0,38 = 1.287.440 Personen als Marktpotenzial festlegen. Eine Begrenzung auf Stadtteile könnten Sie beim statistischen Landesamt erfahren.
Zielgruppen-strukturanaly-se bei TDWI	Die Zielgruppenstrukturanalyse könnte folgende Daten ergeben - das Alter und die Einkommengruppen sollten Sie auf jeden Fall ermitteln, um später anhand eines Zielgruppenmodells eine Auswahl zu treffen. Haushaltseinkommen: Hoch, mittel und niedrig Altersgruppen: Mittleres Alter und jüngere Personen (ab 18 Jahre) Mediennutzung: Zeitungsleser, keine Internetnutzer, unterdurchschnittlicher Konsum von Fernsehen Freizeit: Sehr beliebt sind Wandern, Kleingärtnerei, Reisen und Bücher Lesen, Kochen, Freunde einladen Einstellungen: Die Familie ist sehr wichtig, kaufen umweltfreundliche Produkte, haben ein hohes Qualitätsbewusstsein, kaufen mit hoher Kennerschaft, wenig risikofreudig, genießen das Leben, etc.

Die Daten, die hier beispielhaft aufgeführt sind (bitte beachten Sie, dass diese Daten nicht der Realität entsprechen!) können Sie nun verwenden und in einem Zielgruppenmodell die in Frage kommenden potenziellen Zielgruppen eingrenzen. Hierfür schlage ich das Zielgruppenmodell **Sinus-Milieus®** vor. Die Sinus-Milieus werden für verschiedene Länder von Sinus Sociovision GmbH – einem führenden privatwirtschaftlichen Institut für Marketing und Sozialforschung - jährlich ermittelt. Basisdaten sind im Internet aktuell verfügbar. Mit der Eingabe des Suchbegriffs bei einer Suchmaschine (z.B. Google) werden Sie die entsprechenden Diagramme und Erklärungen dazu finden. Die folgenden Abbildung zeigt die Sinus-Milieus für 2004 in Ahnlehnung an die von Sociovision veröffentlichten Diagramme. In diesem Diagramm können Sie dann markieren, welche Gruppen in Frage kommen - nutzen Sie hierfür die Angaben über das Alter und Einkommensgruppen. Sie werden feststellen, dass es mehrere mögliche Segmente gibt, die bearbeitet werden können.

Die Auswahl der Segmente folgt im nächsten Schritt - bei der Konkurrenzanalyse. Erst unter Einbezug der Konkurrenzbetrachtungen kann man sinnvoll bestimmen, welche Zielgruppe besonders gut geeignet ist. Denken Sie dabei an die Empfehlung, dass Zielgruppen, die von wenigen Konkurrenten angesprochen werden, besonders vorteilhaft sind.

Da selten zu erwarten ist, dass es gar keine Konkurrenz- oder Substitutionsprodukte gibt, sollte dieser Abgleich immer vorgenommen werden. Die Erklärungen zu den Begriffen *Konkurrenz* und *Substitutionsgüter* wurden bereits am Anfang des Kapitels „Ideenbewertung“ erläutert. Wenn Sie sich nicht mehr genau an die Begriffe erinnern, sollten Sie nachdem Sie das folgende Schaubild betrachtet haben, nocheinmal zurückblättern und sich die Begriffe vergegenwärtigen.

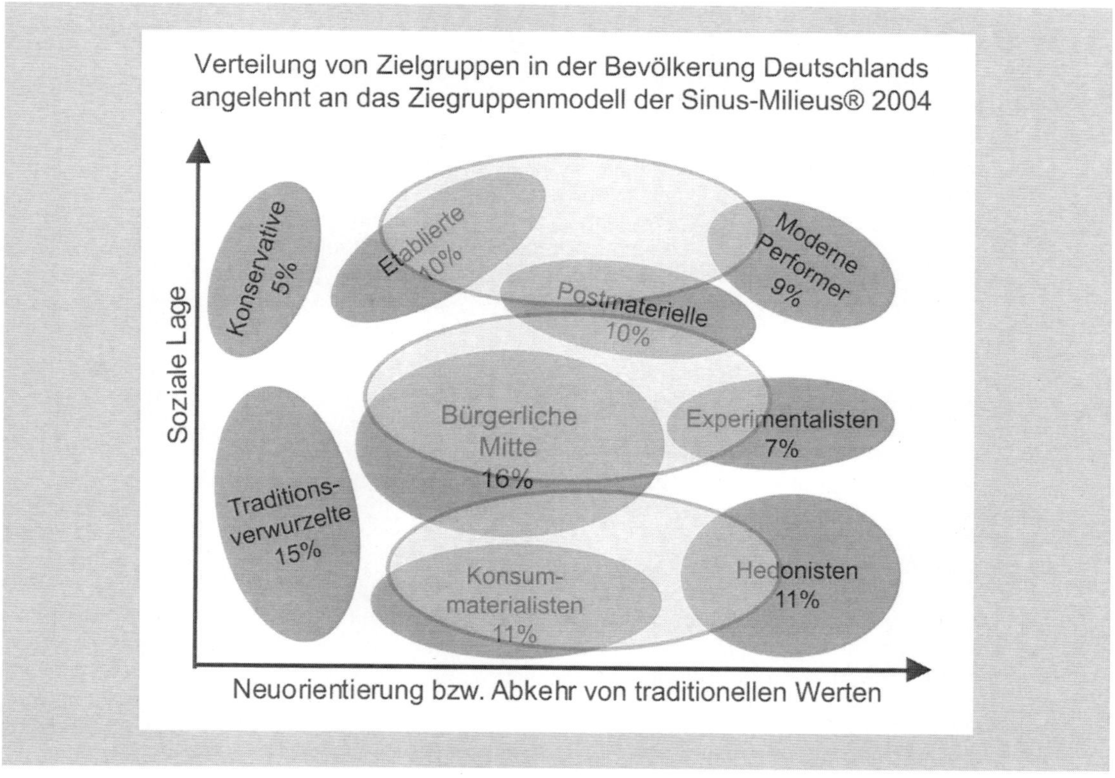

Die drei „Wolken“ in der Mitte stellen unsere möglichen Zielgruppen aus dem Beispiel vorher dar. Zur grafischen Darstellung der Sinus-Milieus gibt es nun noch einige Daten und Erklärungen über alle Zielgruppen im Modell der Sinus-Milieus. Die Tabelle wurde in Anlehnung an die im Internet veröffentlichten Daten von Sociovision erstellt. Vergleichbare Daten sind auch für andere Länder bei Sociovision erhältlich.

Gruppe	Bildung, Einkommen und Alter	Interessen und Einstellungen	Freizeit	Medienkonsum
Etablierte	30 – 60 Jahre alt; drei- bis Mehrpersonenhaushalte; überdurchschnittliche Bildung; hohe Einkommen und Vermögen; leitende Angestellte, Unternehmer, etc.	Exklusivitätsansprüche, Kennerschaft, flexibel, sozial engagiert, politisch interessiert, genießen Luxus, Well-Being im Fokus	Kunst, Kultur, Reisen, Tennis, Vereins-/Verbands-und Clubmitglieder	Gezielter Medienkonsum, lesen viel (Politik/Wirtschaft/Börse und Kultur/Geschichte sowie exklusive Autos), überdurchschnittliche Internetnutzung
Postmaterielle	Anfang 20 – 50; höchste Formalbildung; qualifizierte und leitende Angestellte, Freiberufler, Schüler, Studenten, gehobenes Einkommen, teilweise größere Vermögen, häufig mehrere Kinder	hochgebildet, kosmopolit, tolerant, kritisch aber nicht feindlich gegenüber Technologie und Globalisierung, Fokus auf inidividuelle Freiräume, intellektuell und kreativ; Kennerschaft, schätzen subtile Genüsse mit hohem Preis	Kunst, Kultur, Literatur, Weiterbildung	Ausgesprochene Viel-Leser mit Fokus auf Belletristik, Kunst, Kultur sowie Reisen und Hintergrundberichte, überdurchschnittliche Internetnutzung
Moderne Performer	Altersschwerpunkt unter 30; hohes Bildungsniveau; kleinere Selbständige und Start-ups, hohes Haushaltsnettoeinkommen	jung, unkonventionell, leistungsorientiert, flexibel, multioptional, sportlich, „das eigene Ding" im Fokus, Lust auf das Besondere, anspruchsvolles „Multi-Kulti" für hohe Preise	Sport, Outdoor-Aktivitäten wie Kino, Kneipe, Kunst	Lesen viel zur Fortbildung und Unterhaltung; intensivste Internetnutzung
Konservative	Ab 60 Jahre, meist Zwei-Personen-Haushalte, akademische Abschlüsse, Ruheständler, gehobenes Einkommen und größere Vermögen	altes deutsches Bildungsbürgertum, pflichtbewusst, traditionsbewusst, Familie besonders wichtig, sind gut ausgestattet interessieren sich stark für Porzellan, Schmuck, Kunst, Gesundheit	Klassische Kunst und Hochkultur (Theater, Oper, Museum), Kulturreisen, Interesse an Zeitgeschehen in Politik und Wirtschaft	Seltene Internetnutzung
Traditionsverwurzelte	Schwerpunkt bei 65 Jahren und älter; vorwiegend Frauen, Hauptschule und Berufsausbildung, Rentner, Pensionäre, kleine bis mittlere Einkommen	sicherheits- und ordnungsliebend, bescheiden, anständig und moralisch, traditionell, wenig aufgeschlossen	Interesse am eigenen Heim und Gartenarbeit sowie kleinere Reisen/Ausflüge	Kein Interesse am Internet, Yellow-Press rund um die Frau und Gesundheits- bzw. Seniorenratgeber
DDR-Nostalgische	Schwerpunkt über 50 Jahre, einfache bis mittlere Bildung, einfache Angestellte, Facharbeiter oder Arbeitslos, kleine bis mittlere Einkommen	sehen sich als Verlierer der Wende, Verklärung der Vergangenheit und Verbitterung gegenüber der Gegenwart, demonstrativ einfaches Leben	Garten, Heimwerken, Renovieren, Engagement im Verein und lokaler Gesellschaftspolitik	Unterhaltungsmagazine, Ratgeber in Sachen Gesundheit, Kochen, Auto, Heimwerken, Tiere, Frauenzeitschriften, lösen Rätsel, seltene Internetnutzung

Gruppe	Bildung, Einkommen und Alter	Interessen und Einstellungen	Freizeit	Medienkonsum
Bürgerliche Mitte	Alter 30 – 50, oft Mehr-Personen-Haushalte, mittlere Bildung, Einfache/Mittlere Angestelle, Beamte, Facharbeiter, mittleres Einkommen	statusorientierter Mainstream, Ziel sind gut gesicherte Verhältnisse, Cocooning im gepflegten Ambiente mit Freunden, moderater Wohlstand, harmoniebedürftig	Gäste einladen, gemeinsames Kochen, Vereinsengagement, Sport in der Gruppe, Kinder	Sieht überdurchschnittlich viel fern, mittelmässige Internetnutzung mit langsamen aber kontinuierlichen Wachstumsraten
Konsum-Materialisten	Breite Altersstreuung bis 60 Jahre, niedriger Bildungsstand, Arbeiter/Facharbeiter, untere Einkommensklassen, häufig sozial benachteiligt	möchten als „normale Durchschnittbürger" gelten, Interesse an allem was die eigene Person „ins rechte Licht rückt" z.B. Modeschmuck, Duftwasser, „repräsentatives" Auto, etc.	Unterhaltung, Ablenkung, Action und Spaß, Ausgehen, Fernsehen, DVD, Video, Videospiele, Musik und Radio, Reisen	Lektüre von Zeitschriften mit Unterhaltung, Erotik, Auto, Sport, Fernsehen, unterdurchschnittliche Internetnutzung
Experimentalisten	Altersschwerpunkt unter 30, gehobene Bildung, Angestellte, kleine Selbständige, Freiberufler und Jobber, Viele ohne eigenes Einkommen, überdurchschnittliche Haushaltseinkommen	Lust am Leben, tolerant, offen, lehnen Zwänge und Routine ab, engagieren sich für gesellschaftliche Randgruppen, betreiben Esoterik, machen mentales Training und gehen kreativen Tätigkeiten nach	Video- und Computerspiele, Musik, Kunst, Kultur, Film, Bücher, Bedürfnis nach Unterhaltung und Kommunikation	Überdurchschnittliche Internetnutzung
Hedonisten	20 – 50 Jahre, Schwerpunkt unter 30 Jahre, einfache bis mittlere Formalbildung, einfache Angestellte und Arbeiter, keine erkennbaren Schwerpunkte beim Einkommen	spassorientiert; auf der Suche nach Fun und Action, nicht sein wie die Spießer und gleichzeitig Träume vom geordneten Leben haben, bemüht um Anpassung im Beruf im Gegensatz zum hedonistischen privaten Lebensstil	Fernsehen, Video, Musik, Computerspiele, Sport, Kino, Disko, Club, Kneipe	Zeitschriften über Sport, Fernsehen, Kino, Erotik, Auto, Computer und Jugendkultur, knapp die Hälfte nutzt das Internet

Bevor wir zum nächsten Teil - der Konkurrenzanalyse - weitergehen, sollten Sie noch mit dem Begriff der Anmutungsanalyse vertraut gemacht werden. Die Anmutungsanalyse ist ein Instrument im Marketing, die Sie für vielfältige Zwecke verwenden können und sollten: Festlegung des Unternehmensauftrittes / der Corporate Identity, Analyse der Konkurrenten, Analyse der Kunden.

Das nachfolgende Diagramm zeigt, wie eine **Anmutungsanalyse** aufgebaut ist - sich widersprechende Begriffe werden gegenübergestellt.

Nutzt man die Analyse **für Befragungen**, so lässt man die Befragten jeweils ein Kreuz pro Zeile machen und ermittelt so später den Durchschnitt, der sich aus der Befragung ergibt. Vorsicht: Wenn Sie die Anmutungsanalyse in weiteren Schritten für eine Befragung verwenden wollen, so sollten Sie Gruppen herausfiltern, die ähnliche Muster angekreuzt haben. Der einfache Durchschnitt wird nicht ausreichen, denn wir wollen ja nicht „Alle" sondern nur unsere Zielgruppe(n) bestimmen. Sie können die Anmutungsanalyse aber auch **ohne Befragung** nutzen - anhand der Aussagen über die Zielgruppen in den Sinus-Milieus lässt sich das passende Anmutungsprofil für Ihre Zielgruppe(n) anhand der in der vorher gezeigten Tabelle bestimmen. Überlegen Sie einfach, an welcher Stelle die jeweilige Zielgruppe wohl Kreuze setzen würde.

Die gezeigten Begriffe stellen lediglich eine Auswahl möglicher gegensätzlicher Begriffe dar. Sie können und sollten je nach Produkt- oder Geschäftsidee Begriffe hinzufügen und/oder wegnehmen.

Übung: Erstellen Sie ein Profil, dass auf die Zielgruppe „Konservative" aus den Sinus-Milieus passen könnte. Überlegen Sie, welche Kreuze wohl jemand setzen würde, der zu dieser Personengruppe gehört.

niveauvoll	O	O	O	O	O	einfach
modern	O	O	O	O	O	klassisch
passiv	O	O	O	O	O	aktiv
ernsthaft/sachlich	O	O	O	O	O	spielerisch/heiter
originell/innovativ	O	O	O	O	O	konservativ
spontan/experimentell/dynamisch	O	O	O	O	O	in festen Grenzen/statisch
komplex/intellektuell	O	O	O	O	O	einfach
angepasst	O	O	O	O	O	außergewöhnlich
hell	O	O	O	O	O	dunkel
warm	O	O	O	O	O	kalt
gebunden	O	O	O	O	O	ungebunden
Gruppenerleben	O	O	O	O	O	Einzelerleben
______________	O	O	O	O	O	______________
______________	O	O	O	O	O	______________
______________	O	O	O	O	O	______________
______________	O	O	O	O	O	______________
______________	O	O	O	O	O	______________
______________	O	O	O	O	O	______________

3.3 Konkurrenzanalyse und Marktpositionierung

Der Markt besteht nicht nur aus Kunden. Zur erfolgreichen Umsetzung einer Geschäfts- oder Produktidee müssen unbedingt auch die Konkurrenten durchleuchtet werden. Machen Sie sich in einem ersten Schritt schlau, welche Angebote wohl als Konkurrenz überhaupt in Frage kommen. Sie können zur Beantwortung dieser Frage die bereits gezeigten Tabellen aus dem Kapitel *Ideen bewerten* verwenden. Sie können in die Tabelle unten die Einschätzung Ihrer eigenen Idee(n) eintragen:

Produkt	mögliche Ziele des Kunden	mögliche Ersatzgüter	wer bietet Ersatzgüter an?
sportliches, hochpreisiges und qualitativ hochwertiges Fahrrad	Intensive sportliche Betätigung, Überwindung größerer Strecken, Leistungsfähigkeit demonstrieren, etc.	Sportstudio, andere sportliche Geräte, etc.	Sportgeschäfte, Sportstudios, etc.
Homöopathische Arzneimittel	Gesundheit, Naturbewusstsein demonstrieren, etc.	Tees, Brausetabletten, Naturkosmetik, etc.	Apotheken, Drogeriemärkte, etc.
eigene Produkt- oder Geschäftsidee: ____________			
eigene Produkt- oder Geschäftsidee: ____________			

Die von Ihnen erkannten Anbieter von Substitutionsgütern sind solche Anbieter, nach denen Sie nun suchen müssen. Je nachdem ob Sie regional, national oder gar international arbeiten wollen, müssen Sie die jeweils auch regional, national oder international nach Konkurrenten suchen. Dafür bietet sich beispielsweise das Branchenbuch an. In Frage kommt natürlich die Internetrecherche oder der Auszug aus dem lokalen Handelsregister. Verbände, Vereine und Kammern haben auch Informationen über ihre Mitglieder. Oft sind die Mitgliedslisten sogar im Internet verfügbar.

Suchen Sie alle möglichen Konkurrenten heraus und analysieren Sie diese anhand des Zielgruppenmodells und der Anmutungsanalyse: Welche Zielgruppe wird wohl durch die Konkurrenten angesprochen? Welche anderen Merkmale sind auffällig (beispielsweise schlechter Internetauftritt obwohl die Zielkundengruppe eine hohe Internetaffinität hat)? Welches Muster ergibt sich in der Anmutungsanalyse bzw. welche Begriffe passen gut zum Image der Konkurrenten?

Betrachten Sie auch die **Produktpalette** und Größe des Unternehmens - je grösser das Unternehmen ist, desto wahrscheinlicher ist es, dass dieser Konkurrent Ihre Idee schnell kopieren kann, da er vermutlich über ein breites Wissen (bei den Mitarbeitern) verfügt. Auch muss für eine breite Produktpalette ein gewisses Kapital vorhanden sein; auch das erhöht die Wahrscheinlichkeit, dass das Unternehmen früher oder später als Konkurrent auftreten wird.

Beachten Sie auch **potentielle Konkurrenten** - wenn Sie ein neuartiges Produkt vermarkten möchten, so müssen Sie damit rechnen, dass die Konkurrenz bald anfangen wird, Ihr Produkt zu kopieren. Je besser Sie sich von dieser Konkurrenz abgrenzen können, desto besser sind Ihre Chancen! Beispielkriterien für eine Konkurrenzanalyse zeigt die folgende Tabelle. Im Anhang finden Sie eine solche Tabelle, die Sie für Ihre Auswertungen verwenden können.

Konkurrent/potenzieller Konkurrent	Produktpalette	Unternehmens größe	Anmutung (auffällige Merkmale)	Beratung / Betreuung der Kunden und Preise	Zielgruppe
Name	O breit O klein	O groß O mittel O klein	z.B. modern, sportlich, dynamisch, Farben: Silber und Blau, hochwertiges Erscheinungsbild (tatsächlich aber nicht hochwertig), Preis-Leistungs-Verhältnis, etc.	O individuell O wenig/keine O Preise hoch O mittlere Preise O Preise niedrig	O Etablierte O Postmaterielle O Konservative O Moderne Performer O Hedonisten O Konsum-Materialisten O DDR-Nostalgische O Traditionsverwurzelte O Bürgerliche Mitte

Anhand Ihrer Ergebnisse können Sie nun das Diagramm „Sinus-Milieus" wieder hervorholen und die Konkurrenten dort einzeichnen. Unterscheiden Sie dabei kleine, mittlere und große Unternehmen! Das Diagramm für unser Beispiel könnte wie folgt aussehen:

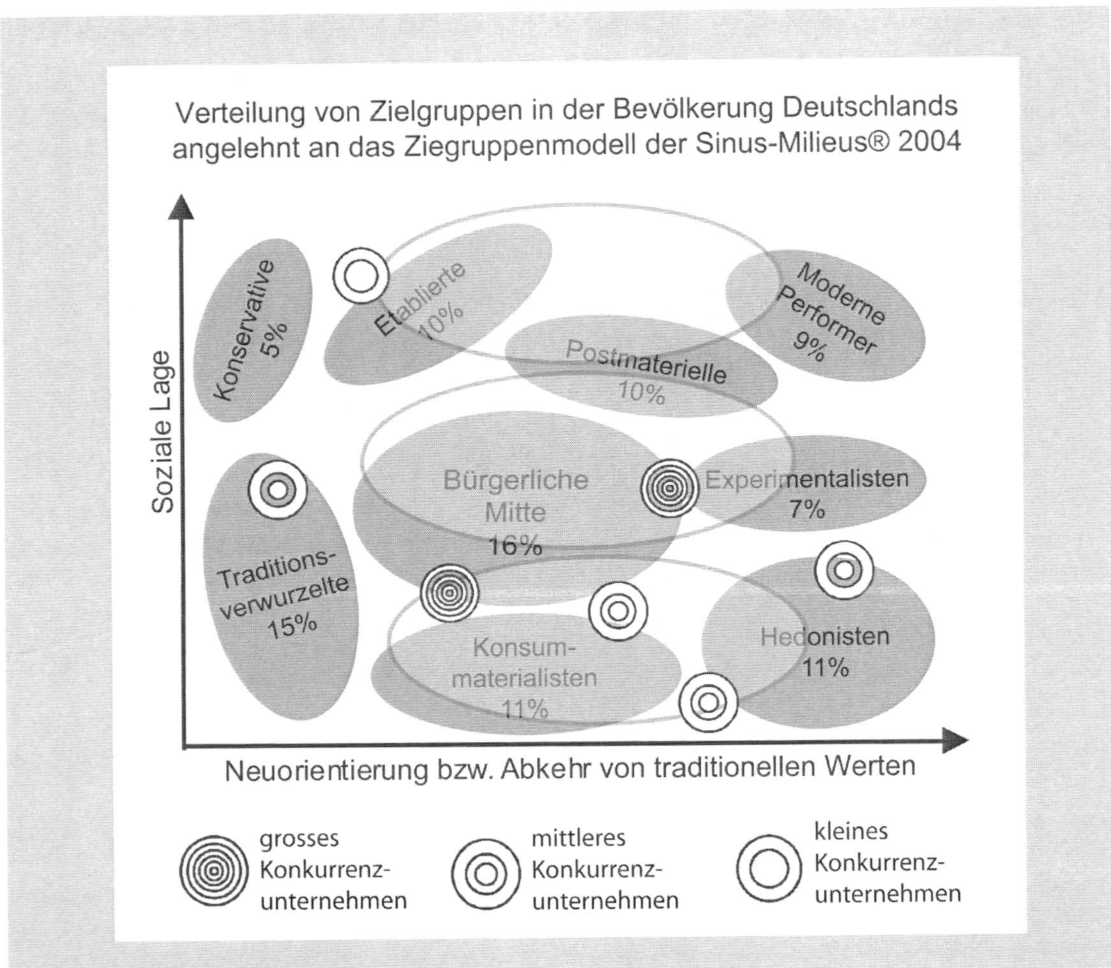

Im gezeigten Beispiel zeigt sich die Lücke schon ganz deutlich: In der oberen rechten Ecke gibt es keine Konkurrenz. Die Zielgruppen „Postmaterielle" und „Moderne Performer" bieten sich als besonders attraktiv an!

Übung: Nennen Sie die Gemeinsamkeiten der Zielgruppen „Postmaterielle" und „Moderne

Performer". Erstellen Sie die Anmutungsprofile, die auf die zwei genannten Gruppen zutreffen könnten (am besten in einem Diagramm mit verschiedenen Farben. Machen Sie sich klar, bei welchen Begriffen es Übereinstimmungen zwischen den Zielgruppen gibt (nahe beieinander liegende Kreuze). Die übereinstimmenden Werte sind im Ergebnis das Anmutungsprofil für eine geeignete Corporate Identity und andere Kommunikationselemente.

Gemeinsamkeiten der Zielgruppen			
Bildung, Einkommen, Alter	Interessen, Einstellungen	Freizeit	Medienkonsum

Anmutungsprofile der Zielgruppen						
niveauvoll	O	O	O	O	O	einfach
modern	O	O	O	O	O	klassisch
passiv	O	O	O	O	O	aktiv
ernsthaft/sachlich	O	O	O	O	O	spielerisch/heiter
originell/innovativ	O	O	O	O	O	konservativ
Lebensziel: Berufserfolg	O	O	O	O	O	Lebensziel: Selbstverwirklichung
spontan/experimentell/dynamisch	O	O	O	O	O	in festen Grenzen/statisch
komplex/intellektuell	O	O	O	O	O	einfach
angepasst	O	O	O	O	O	aussergewöhnlich
hell	O	O	O	O	O	dunkel
gebunden	O	O	O	O	O	ungebunden
intensiv	O	O	O	O	O	oberflächlich
exotisch	O	O	O	O	O	althergebracht
______________________	O	O	O	O	O	______________________
______________________	O	O	O	O	O	______________________
Übereinstimmende Profilwerte = Corporate Identity = eigenes Anmutungsprofil für beispielsweise Logo, Ladenausstattung, Werbung, etc.						

Die gefundenen Ergebnisse dienen als **Basis für alle weiteren Entscheidungen**. Wenn Sie beispielsweise über einen Standort nachdenken, müssen Sie das Profil Ihrer Zielgruppe einbeziehen - passt der Standort dazu? Gibt es am Standort diese Zielgruppe? Die Gestaltung des Unternemensauftritts (Logo, Werbematerial, evtl. Ladenausstattung, ihr persönlicher Auftritt, der Auftritt von Mitarbeitern, etc.) muss auch dem ermittelten Profil entsprechen - ansonsten laufen Sie Gefahr, an der Zielgruppe vorbei zu agieren. Ihre Produkte müssen von den richtigen Personen wahrgenommen werden. **Prüfen Sie bei allen**

Entscheidungen, ob diese Entscheidung nicht den Interessen der definierten Zielgruppe(n) entgegensteht!

Interessen, Einstellungen und Mediennutzung geben wichtige Hinweise darauf, wie Sie an Ihre Kunden herankommen. Sie erinnern sich an die TDWI-Auswertung? Nehmen Sie sich diese nun mit den eingeschränkten Daten der Zielgruppe nocheinmal vor und grenzen Sie Freizeitinteressen und Einstellungen noch weiter ein. Weiterführende Informationen über die Zielgruppen in den Sinus-Milieus erhalten Sie auch bei bei Sociovision.

Ist in unserem Beispiel die Freizeitbeschäftigung „Kleingärtnerei“ dann immer noch herausragend, so können Sie mit entsprechenden Bildern werben, die das Gärtnerherz höher schlagen lassen. Nutzt die Zielgruppe das Internet nicht, so sparen Sie sich das Geld für die Entwicklung einer Homepage - sie wird ohnehin nicht gelesen!

3.4 Preisuntergrenzen ermitteln

Um einen Verkaufspreis für Ihre Produktidee festzulegen, müssen Sie neben den vorher ermittelten Marktfaktoren die Kosten für das Produkt bzw. für Ihr Produktprogamm einbeziehen. Letztlich entscheidet der Markt über die Preise - durch die Kosten wird aber die Untergrenze des Preises festgelegt, den Sie ansetzen müssen. Ich zeige im Folgenden wie Sie dieses Thema angehen können.

Für das Beispiel nehmen wir an, Sie hätten fixe Kosten in Form einer Miete von 600,00 EUR pro Monat. Sie können diese Fixkosten bei drei Produkten einfach auf die einzelnen Produkte verteilen (also 600 / 3 = 200). Evtl. kommt auch eine Gewichtung je Produkt in Frage. Die Schätzung der Absatzmenge können Sie anhand des vorher ermittelten Marktpotenzials vornehmen. Da Sie nur einen Teil der potenziellen Kunden erreichen können, sollten Sie von einem kleinen Anteil am Gesamtpotenzial ausgehen. Zumindest am Anfang wird der Anteil zwischen 0,01 % bis 10% liegen.

	Produkt 1	Produkt 2	Produkt 3
Variable Kosten pro Stück / Material	20	30	10
Variable Kosten pro Stück / andere	5	10	5
Variable Kosten pro Stück Gesamt = KURZFRISTIGE PREISUNTERGRENZE	**25**	**40**	**15**
Anteilige Fixkosten / Monat	200	200	200
Schätzung Absatzmenge pro Monat	50	40	100
Schätzung anteilige Fixkosten pro Monat (Fixkosten / Menge)	200/50=4	200/40=5	200/100=2
Gesamtkosten (Fix + Variabel) pro Stück = LANGFRISTIGE PREISUNTERGRENZE	**25+4=29**	**40+5=45**	**15+2=17**

Anhand der nun ermittelten Zahlen können Sie die Preisuntergrenzen ermitteln. **Die Preisuntergrenze ist der Preis, den Sie berechnen müssen, um mindestens Ihre Kosten zu decken!** Man unterscheidet hierbei in „langfristige Preisuntergrenze“ und „kurzfristige Preisuntergrenze“.

Die **langfristige Preisuntergrenze** ist einfach zu erklären: Sie müssen langfristig gesehen alle Kosten decken - deshalb ist die Zahl in der letzten Zeile, die Gesamtkosten pro Stück hierfür maßgebend. Für Produkt 1 ist eine langfristige Preisuntergrenze von 29,00 EUR anzusetzen.

Zum Erklären der **kurzfristigen Preisuntergrenze** gehen wir von einem Beispiel aus: Nehmen Sie an, die drei Produkte würden seit zwei Monaten verkauft und die Zahlen würden den Schätzungen etwa entsprechen. Sie könnten dann damit rechnen, dass Ihre Gesamtkosten damit abgedeckt sind. Käme nun ein Kunde auf Sie zu und wollte Produkt 2 zu einem Preis von 41,00 EUR kaufen - würden Sie diesen Preis akzeptieren? Sie sollten dies auf jeden Fall tun! Ihre fixen Kosten sind bereits abgedeckt - daran ändert sich nichts, wenn Sie ein Stück mehr verkaufen. **Wenn die Gesamtkosten mit der Absatzmenge gedeckt werden können, lohnt sich der Verkauf jedes zusätzlichen Stückes, solange der Preis mindestens die variablen Kosten deckt!** Die kurzfristige Preisuntergrenze ist also durch die variablen Kosten pro Stück gegeben.

3.5 Marketingstrategie / Marketingmix

Festzulegen sind verschiedene Faktoren. Bei allen Faktoren sollten Sie sich nach den aus der Kunden- und Konkurrenzanalyse gewonnen Informationen richten. Neben diesen Kriterien sind die ermittelten Preisgrenzen von großer Bedeutung.

Vertrags-politik	Gibt es neben dem Preis weitere **vertragliche Rahmenbedingungen**, die Sie für Ihr Produkt festlegen müssen? Üblich ist z.B. die Festlegung von Liefer- und Zahlungsbedingungen. Beispielverträge sind ein guter Ansatzpunkt, um Hinweise auf mögliche Formulierungen zu bekommen.
Distributions-politik	Im Rahmen der Distributionspolitik werden **Vertriebswege** festgelegt. Wollen Sie Ihr Produkt selbst verkaufen oder brauchen Sie Vertriebspartner? Wenn Sie Vertriebspartner brauchen, müssen Sie ein System für die Provision Ihrer Vertriebspartner festlegen. Ob sich Vertriebspartner lohnen oder nicht, können Sie ebenfalls anhand der verfügbaren Daten bei TDWI oder durch Kundenbefragung bzw. Kundenbeobachtung feststellen: Gehen Ihre potenziellen Kunden in Kaufhäuser? Sind es Katalog-Käufer? Bevorzugt die Kundschaft kleine und exklusive Ladengeschäfte?
Produkt-politik	Welche Produkte (welches Sortiment) wollen Sie anbieten? Welchen Kundenansprüchen sollen die Produkte genügen (z.B. hochwertig, langlebig, zeitlos, etc.)?

Kommunikationspolitik	Die Kommunikation Ihrer Geschäfts- oder Produktidee ist von größter Bedeutung. Ohne die Existenz des Produktes zu kommunizieren, können Sie nichts verkaufen. Neben Informationsmaterial bzw. Werbung kommt auch die Pressearbeit in Frage. Überlegen Sie gut, über welche Medien Sie Ihr Produkt und/oder Geschäft kommunizieren möchten. Es gibt eine Vielzahl von Möglichkeiten: Zeitungsanzeigen, Internetwerbung, Plakatwerbung, Broschüren auslegen, etc. Ansätze hierzu sollten bereits über die Analyse der Zielgruppe klar sein. Die Gestaltung muss sich auch hier wieder am vorher ermittelten **Anmutungsprofil** orientieren. Wenn Sie eine Werbeagentur oder einen Designer beauftragen, stellen Sie ihm/ihr die ermittelten Daten zur Verfügung und achten Sie bei jedem Entwurf darauf, dass die Optik mit dem Anmutungsprofil übereinstimmt - es geht darum, dass die Kommunikation Ihre Kunden ansprechen soll - nicht Sie selbst oder den Designer! Zum Thema **„Werbung in Zeitungen/Zeitschriften“** sei hier noch erwähnt, dass Sie von jedem Verlag Mediadaten bekommen können. Fragen Sie, bevor Sie das Geld in solche Kampagnen investieren, nach, welche Kunden wann die Zeitung lesen und welche Teile der Zeitung gelesen werden. Werbemittel sollen Sie testen! Nutzen Sie verschiedene Vorschläge für Umsetzungen und prüfen Sie z.B. durch Befragung oder Beobachtung, welche Gestaltung Ihre Kunden am meisten anspricht.
Preispolitik	Je nach Zielgruppe muss der Preis zu den **Erwartungen der potenziellen Kunden** passen. In unserem Beispiel hatten wir Kunden aus hohen Einkommensgruppen definiert, die das Exklusive, Besondere sehr zu schätzen wissen und eine hohe Zahlungsbereitschaft haben. Das muss sich natürlich auch im Preis zeigen. Sie können zum Vergleich auch die Preise der Konkurrenten heranziehen. Wenn es **Konkurrenten** gibt, die schon lange im Markt agieren, sollten Sie diesen Preisen besondere Beachtung schenken - der Konkurrent hat Ihnen schon einige Erfahrung voraus und die Preise wahrscheinlich so festgesetzt, dass er gute Umsatzzahlen erreicht. Das ist allerdings nur dann zutreffend, wenn der Konkurrent ähnliche Kundensegmente bedient. Letztendlich müssen natürlich die **Kosten** im Rahmen der Preispolitik einbezogen werden. Schätzen Sie Ihre Preisuntergrenze ein und nehmen Sie Absatzschätzungen vor. Zur Preispolitik gehört auch die Überlegung, ob und welche **Rabatte oder andere Preisminderungssysteme** (z.B. in Form von Sachleistungen oder zusätzlichen Dienstleistungen) Sie anbieten möchten. Kauft beispielsweise ein Kunde ein sehr hochwertiges und teures technisches Gerät, so spielt bei seiner Kaufentscheidung mit Sicherheit der Kundendienst eine große Rolle - in diesem Rahmen bieten sich Zusatzleistungen zu vergünstigten Preisen an.

Wenn Sie mehrere Alternativen zu jeder Festlegung haben, können Sie die Auswahl anhand des im Kapitel „Ideen bewerten" gezeigten Scoring-Verfahren eine Auswahl treffen. Sie müssen sich im Vorfeld allerdings über die zu bewertenden Kriterien und deren Gewichtung klar werden.

Knock-Out-Kriterium ist in jedem Fall die Nicht-Übereinstimmung mit den aus der Kunden- und Konkurrenzanalyse gewonnen „Richtschnur". Das bedeutet: Wenn die Kriterien aus der Kunden- und Konkurrenzanalyse nicht erfüllt werden, so muss die Idee angepasst oder sogar ganz verworfen werden!

3.6 Kosten-, Umsatz- und Gewinnerwartungen

Wenn Sie die Schätzung der Preisuntergrenze vorgenommen haben und den Verkaufspreis anhand der marktlichen Einflussgrössen ermittelt haben,wird es Ihnen leicht fallen, die Gesamtsituation darzustellen. In der Tabelle zur Ermittlung der Preisuntergrenze fehlt uns lediglich die Größe „Verkaufspreis", um eine abschließende Bewertung der Rentabilität Ihres Produktes oder Ihres Produktsortiments vorzunehmen:

	Produkt 1	Produkt 2	Produkt 3
Variable Kosten pro Stück / Material	20	30	10
Variable Kosten pro Stück / andere	5	10	5
Variable Kosten pro Stück Gesamt	**25**	**40**	**15**
Anteilige Fixkosten / Monat	200	200	200
Schätzung Absatzmenge pro Monat	50	40	100
Schätzung anteilige Fixkosten pro Monat (Fixkosten / Menge)	200/50=4	200/40=5	200/100=2
Gesamtkosten (Fix + Variabel) pro Stück	**25+4=29**	**40+5=45**	**15+2=17**
Verkaufspreis/Umsatz pro Stück	**42**	**70**	**22**
Umsatz pro Monat (Verkaufspreis x Menge pro Monat)	42*50= 2.100	70*40=2.800	22*100=2.200
Gesamtkosten pro Monat (Gesamtkosten pro Stück x Menge pro Monat)	29*50= 1.450	45*40 = 1.800	17*100 = 1.700
Gewinn pro Monat (Umsatz pro Monat - Gesamtkosten pro Monat)	**2.100-1.450=650**	**2.800-1.800=1.000**	**2.200 - 1.700=500**

Für die Einschätzung der Kosten sollten Sie sich ausreichend Zeit nehmen. Versuchen Sie möglichst realistische Zahlen zusammen zu tragen und alle Bereiche abzudecken. Üblicherweise anfallende Kosten sind beispielsweise Büromaterial, Maschinen, PC, Drucker, Monitor, Gebühren, Kosten für die Logoerstellung, Kosten für den Entwurf und Druck von Werbematerial, Mietkosten, Telefon(e), Faxgerät(e), Anschlussgebühren ISDN, Kosten für die Beschaffung einschlägiger Literatur, Kosten für Seminare, Kosten für die Suche von Mitarbeitern, Personalkosten, Reisekosten, usw.

3.7 Weitere Schritte für Existenzgründer

Mit den nun ermittelten Daten können Sie sich noch einmal an die Checklisten „Ideen bewerten" machen. Fragen wie „wer sind die Kunden?", „ist der Kundennutzen hoch?", „mit welchen Gewinnerwartungen wird gerechnet" müssten Sie nun detailliert beantworten können.

Wenn Ihnen dies gelungen ist, haben Sie alle notwendigen Informationen für das Konzept. Wenn Sie ein Unternehmen neu gründen wollen, so haben Sie mit der detaillierten Beantwortung der Fragen aus den Checklisten den ersten Teil des Businessplans „Geschäftskonzept" fertig und können sich dann an weitere Kriterien und das Zahlenwerk machen. Für die Schätzung der Zahlen haben Sie bereits jetzt den Grundstein gelegt.

Die nächsten Themen, mit denen Sie sich beschäftigen sollten, sind:

- **Auswahl des Standortes:** Der Standort muss je nach Geschäftstätigkeit gut gewählt sein. Kriterien könnten beispielsweise ein guter Anschluss an Transportmittel, eine zentrale Lage, die Nähe zu anderen Institutionen, etc. sein. Möglicherweise kommt auch ein Gründerzentrum in Frage - dort finden Gründer üblicherweise besonders günstige Bedingungen vor. Für Frauen gibt es auch einige spezialisierte Gründerinnenzentren in Deutschland.

- **Auswahl der Rechtsform:** Die Rechtsform ist entscheidend für rechtliche und steuerliche Belange sowie das Verhältnis mehrerer Gründer zueinander.

- **Auswahl einer Organisation** (falls Sie nicht alleine gründen): Nutzen Sie die Stärken der Beteiligten Personen und überlegen Sie vorher, wer welche Aufgaben übernehmen soll - so vermeiden Sie später langwierige Diskussionen und doppelte Arbeit.

- **Sozialversicherung** (Kranken-, Pflege-, und Rentenversicherung): Sprechen Sie mit Ihrer und anderen Krankenkassen über die Mitgliedsbeiträge. Auskunft zur Pflege- und Rentenversicherung erhalten Sie bei den Versicherungsträgern, z.B. der Bundesversicherungsanstalt für Angestellte (BfA). Adressen und Telefonnummern können Sie bei Ihrer Krankenkasse erfragen.

- **Erstellung eines Businessplans:** Machen Sie sich schlau, welche Elemente in einem Businessplan behandelt werden müssen.

- **Bildung von Kooperationen:** Sie sind nicht allein auf der Welt! Nutzen Sie Gelegenheiten wie z.B. Messen, Foren, etc. um Kontakte zu knüpfen und Menschen für Ihre Geschäfts- oder Produktidee zu gewinnen, die später als Multiplikatoren in Frage kommen. Möglicherweise finden Sie auch Kooperationspartner, mit denen Sie gemeinsam neue Ideen umsetzen können.

- **Erlangung von Fördermitteln:** Es gibt vielfältige Fördermöglichkeiten. So gibt es Förderungen für die Gründung aus der Arbeitslosigkeit, Förderungen in Form von Krediten, Businessplan- und Gründungswettberbe und andere Subventionen. Informieren Sie sich gut, um die Gelegenheiten nicht zu verpassen. Informationen erhalten Sie beispielsweise bei Ihrem zuständigen Arbeitsamt oder in verschiedenen Gründerseminaren.

- **Risikobetrachtung:** Benennen Sie mögliche Risiken so genau wie möglich. Eine allgemeine Formulierung, wie „die Idee könnte scheitern" hilft Ihnen nicht bei der Ausarbeitung von Strategien. Formulieren Sie Aussagen wie „die Kunden sind nicht bereit, den geforderten Preis zu zahlen“ und überlegen Sie bereits im Vorfeld, welche Möglichkeiten Sie dann haben, beim Eintreten des Risikos darauf zu reagieren.

- **Alternativenbetrachtung:** Eine Alternativenbetrachtung wird in Businessplänen üblicherweise nicht gefordert. Nichtsdestotrotz möchte ich Ihnen den „Plan B“ ans Herz legen. Es kann vorkommen, dass Ihr Vorhaben scheitert - was dann? Wenn Sie sich diese Frage möglichst frühzeitig stellen und bereits die eine oder andere Antwort haben, nehmen Sie sich eine Menge Druck und fallen nicht in den leeren Raum, wenn die Dinge schief gehen!

Die meisten genannten Themen werden in den gängigen Gründerkursen abgedeckt. Im Anhang finden Sie noch einige weiterführende Informationsquellen, anhand derer Inhalte Sie weitere Schritte planen können.

4. Anhang

4.1 Lösung Aufgabe „Gewinnverläufe“

Das Ausgangsbild weist die gezeigte Charakteristika auf:

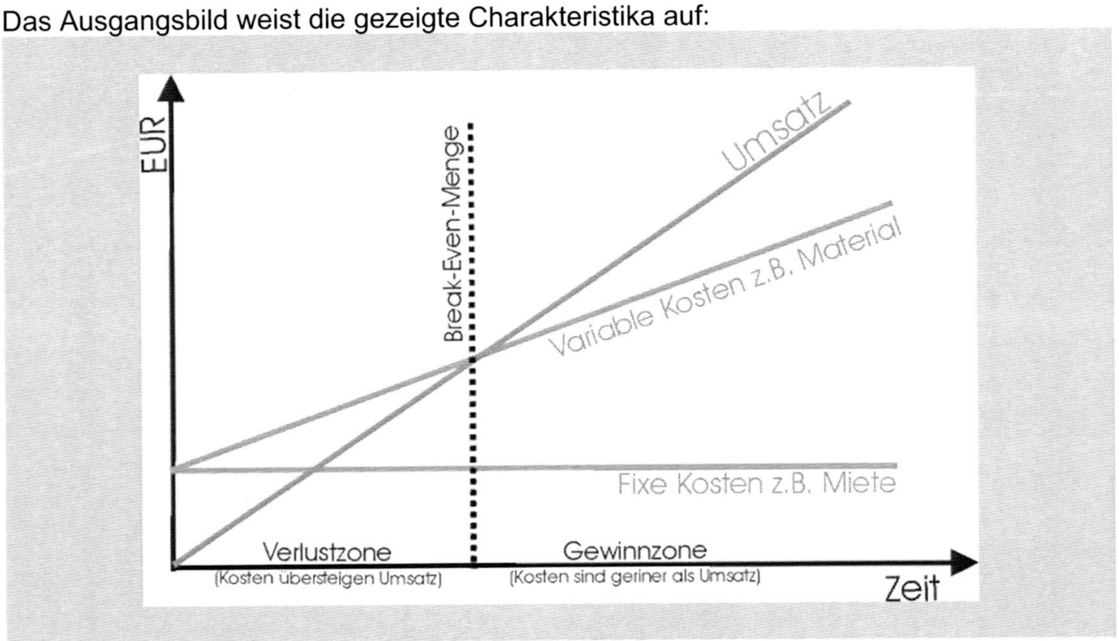

Steigen die Fixkosten, so ergibt sich eine Verschiebung des Break-Even-Punktes (Schnittpunkt von Umsatz- und Kostenkurve) nach hinten. Die Produkt- oder Geschäftsidee wird deutlich länger brauchen, um in die Gewinnzone zu gelangen. Umgekehrt führt die **Senkung der Fixkosten** dazu, dass der Break-Even-Punkt früher erreicht wird.

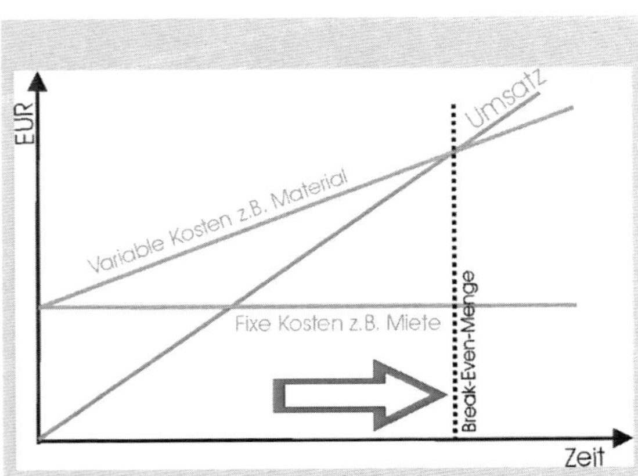

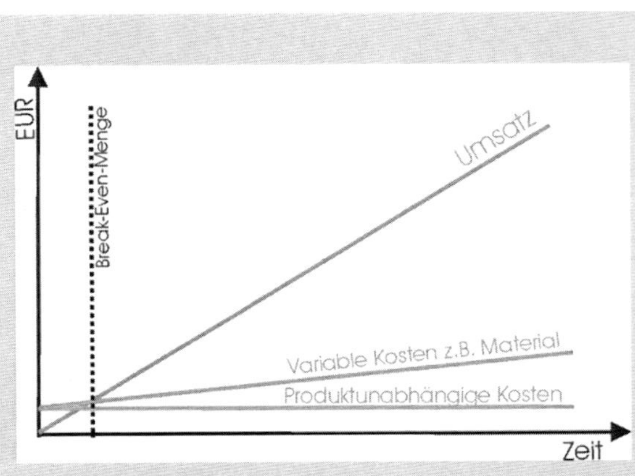

4.2 Checkliste „Konkurrenzanalyse“

Konkurrent/ potenzieller Konkurrent	**Produkt-palette**	**Unter-nehmens-größe**	**Anmutung (auffällige Merkmale)**	**Beratung / Betreu-ung der Kunden und Preise**	**Zielgruppe**
Name	O breit O klein	O groß O mittel O klein		O individuell O wenig/keine O Preise hoch O mittlere Preise O Preise niedrig	O Etablierte O Postmaterielle O Konservative O Moderne Performer O Hedonisten O Konsum-Materialisten O DDR-Nostalgische O Traditionsverwurzelte O Bürgerliche Mitte
Name	O breit O klein	O groß O mittel O klein		O individuell O wenig/keine O Preise hoch O mittlere Preise O Preise niedrig	O Etablierte O Postmaterielle O Konservative O Moderne Performer O Hedonisten O Konsum-Materialisten O DDR-Nostalgische O Traditionsverwurzelte O Bürgerliche Mitte
Name	O breit O klein	O groß O mittel O klein		O individuell O wenig/keine O Preise hoch O mittlere Preise O Preise niedrig	O Etablierte O Postmaterielle O Konservative O Moderne Performer O Hedonisten O Konsum-Materialisten O DDR-Nostalgische O Traditionsverwurzelte O Bürgerliche Mitte
Name	O breit O klein	O groß O mittel O klein		O individuell O wenig/keine O Preise hoch O mittlere Preise O Preise niedrig	O Etablierte O Postmaterielle O Konservative O Moderne Performer O Hedonisten O Konsum-Materialisten O DDR-Nostalgische O Traditionsverwurzelte O Bürgerliche Mitte

4.3 Nützliche Adressen/Links

www.adt-online.de - Bundesverband deutscher Innovations-, Gründer- und Technologiezentren: Auf der Webseite des ADT finden Sie Anschriften und Konktaktdaten vieler Gründer-, Technologie- und Innvovationszentren in allen Regionen Deutschlands. Weiterhin werden Veranstaltungen für Existenzgründer und bereits existierende Unternehmen angeboten. Es ist auch eine umfangreiche Linksammlung zu finden.

www.existenzgruender.de - offizielles Existenzgründerportal des Bundesministeriums für Wirtschaft und Arbeit: mit umfassenden Informationen zum Thema Existenzgründung. Hier finden sich beispielsweise Broschüren und anderes Informationsmaterial z.B. zum Thema „Wahl der geeigneten Rechtsform", „Vollständigkeit des Businessplans", „Gründung aus der Arbeitslosigkeit", etc.

db.bmwa.bund.de - Förderdatenbank des Bundesministeriums für Wirtschaft und Arbeit: In dieser Datenbank können Fördermöglichkeiten auf verschiedenen Ebenen (Bund, Länder, Kommunen) nach Stichworten gesucht werden.

www.denic.de: Bei denic.de können Sie herausfinden, ob bestimmte Domain-Namen schon existieren, welche Anbieter für das Hosting von Webseiten in Frage kommen und wie die Sache mit der eigenen Homepage eigentlich funktioniert.

www.ihk.de - **Industrie- und Handelskammer:** mit jeder Menge Informationen zu bestimmten Wirtschaftszweigen und Informationen für Gründer.

www.destatis.de - Statistisches Bundesamt: Viele Marktinformationen zu verschiedensten Wirtschaftszweigen.

www.innovation-market.de/ - Marktplatz für Innovationen: Die Seite beinhaltet ein Forum Unternehmen, die neue Produkte/Geschäftsfelder suchen sowie für Menschen, die ein Produkt/Geschäftsfeld zu bieten haben. Vorwiegend sind technische Innovationen gesucht und geboten.

www.degut.de - die größte Messe in Deutschland zum Thema Gründung und Unternehmen: Die deutschen Gründer- und Unternehmertage finden jährlich in Berlin statt. Es gibt auch eine Hotline: 030 – 30671919.

www.freie-berufe.de - Bundesverband der freien Berufe: Hier gibt es jede Menge Informationen über freie Berufe, z.B. Entwicklung der Berufe, Berufsrecht, etc.

Bundesverband der Freien Berufe
Reinhardtstraße 34
10117 Berlin
Telefon: 030 - 284444 0

www.arbeitsagentur.de/ - Das Arbeitsamt und die KURS-Datenbank: Hier gibt ebenfalls Informationen über die Selbständigkeit/Gründung/Förderung. Im Bereich KURS werden zahlreiche Seminare zum Thema Gründung angeboten.

www.change-online.de - Unternehmensportal für Gründung und Unternehmensnachfolge: Projekt der IHK, Sparkasse, Handwerkskammer, Kreditanstalt für Wiederaufbau (KfW) und der GO-Gründerinitiative. Es finden sich zahlreiche Angebote für Unternehmensnachfolgen, Seminare und vieles mehr.

www.althilftjung.de - Bundesarbeitsgemeinschaft Alt hilft Jung: Die Organisation bietet Dienstleistungen wie z.B. Coaching zu günstigen Preisen.

Die Wirtschafts-Senioren BAG ALT HILFT JUNG
Kennedy Allee 62 - 70
53175 Bonn
Telefon: 0228 - 377 1257
Fax: 0228 - 377 1258

www.sociovision.de – Marktforschungsdaten über Sinus-Milieus: Hier erfahren Sie mehr über die Arbeit von Sociovision und bekommen Informationen über die Sinus-Millieus.

4.4 Weiterführende Literatur

- Hertlein, Margit: Mind Mapping - Die kreative Arbeitstechnik; Spielerisch lernen und organisieren; (Rowohlt Taschenbuch); ISBN 3-499-61190-2; Kartoniert; 128 Seiten
- Kastin, Klaus S.: Marktforschung mit einfachen Mitteln; Daten und Informationen beschaffen, auswerten und interpretieren; (dtv /KNO); ISBN 3-423-05846-3; Kartoniert; 416 Seiten
- Leonard, Dorothy/Rayport, Jeffrey: Innovative Produkte durch empathische Kundenbeobachtung, Harvard Business Manager, Jahrgang 1998, Nr. 47
- Magyar, Kasimir M / Prange, Peter: Einmaligkeit wagen; Mein unverwechselbares Marketing; (Akademischer Verlag St. Gallen) ISBN 3-905330-06-7; Gebunden 104 Seiten
- Nieschlag, Robert / Dichtl, Erwin / Hörschgen, Hans: Marketing; (Duncker & Humblot); ISBN 3-428-10930-9; Gebunden XXVI, 1349 Seiten
- Osborn, A.F.: Applied Imagination; Taschenbuch – Scribner; Erscheinungsdatum: 1. Juni 1979; ISBN: 0023895209
- Wöhe, Günter / Döring, Ulrich: Einführung in die Allgemeine Betriebswirtschaftslehre; (Vahlen, F); ISBN 3-8006-2865-1; Gebunden; XXXVIII, 1230 Seiten
- Zwicky, Fritz: Entdecken, erfinden, forschen; (Baeschlin); ISBN 3-85546-037-X
- Nöllke, Matthias: Kreativitätstechniken; (Haufe, R /KNO); ISBN 3-448-06430-0; Paperback; ca. 126 Seiten

4.5 Begriffe für die Reizwortanalyse (gestalterische und technische Probleme):

Drachen	Lupe	Brandung	Fels
Feld	Rakete	Schokolade	U-Boot
Löwe	Schildkröte	Ozean	Feuer
Wasser	Sonne	Schiff	Himmel
Stern	Wolke	Kessel	Magnet
Hagel	Kreislauf	Papagei	Raumfahrt
Berg	Maus	Luft	Herz
Vulkan	Pferd	Maulwurf	Kraftwerk
Generator	Sonnenblume	Metall	Ton
Ring	Tennis	Katze	Erde
Note	Wert	Zahnrad	Handwerk
Welle	Meer	Himmel	Mond
Eisberg	Auge	Kristall	Ball
Sieb	Afrika	Glühlampe	Fernost
Efeu	Büffel	Wurzel	Nashorn
Bermuda-Dreieck	Affe	Quelle	Donner
Krokodil	Arktis	Skala	Flügel
Fledermaus	Moos	Skorpion	Vogel
Hymalaya	Blitz	Eule	Übergang
Spinne	Wüste	Satellit	Hebel
Knall	Lateinamerika	Panorama	Farn
Glas	Perle	Training	Wärme
Höhe	Fledermaus	Segler	Atom
Auto	Wetter	Leiter	Dach
Strom	Hütte	Golf	Gelenk
China	Ziegel	Huhn	Mauer
Keller	Bahn	Feuerwehr	Antrieb

4.6 Begriffe für die Reizwortanalyse (andere Probleme):

Ferne	Ruhe	Sommer	Wettkampf
Tradition	Sport	Monster	Zwerg
Aufstieg	Heimat	Zauber	Erlebnis
Idealismus	Zeit	Sehnsucht	Klarheit
Zukunft	Chaos	Duft	Funktion
Wind	Geist	Material	Ordnung
Bewegung	Antrieb	Dynamik	Kampf
Muster	Initiative	Mythos	Geruch
Kultur	Freude	Weite	Wechsel
Winter	Blume	Kraft	Neuheit
Logik	Begegnung	Freundschaft	Wildnis
Barometer	Leuchtturm	Erkenntnis	Organismus
Veränderung	Ziel	Luft	Gefühl
Beweis	Schall	Spiel	Gesetz
Religion	Riese	Analogie	Bewusstsein
Gedanke	Tatsache	Exotik	Medium
Endlichkeit	Information	Natur	Vernunft
Realität	Ethik	Kommunikation	Sintflut
Begriff	Ewigkeit	Werte	Gemeinschaft
Technik	Verstand	Erfahrung	Freiheit
Form	Leben	Begriff	Struktur
Hexe	Zirkel	Alchimist	Rythmus
Reflexion	Wesen	Handeln	Reichweite
Konjunktur	Rauch	Nahrung	Frühling
Genuss	Übertragung	Weisheit	Wirtschaft
Lärm	Klarheit	Wendigkeit	Strahlen
Geräusch	System	Kulisse	Licht